◇刊行のことば◇

二一世紀の世界農業は、我々農業ジャーナリストに、ますます重大な使命を担わせている。それは国の内外にわたる農業や食料に関する正しい情報が、今日ほど痛切に求められているときはないからである。

農政ジャーナリストの会は、一九五六年に創立されて以来、一貫して農業に関する正確な事実認識と公正な情報伝達のために、新聞、放送、雑誌など各分野に働く農業ジャーナリストの力を結集することに努めてきた。本会の機関誌『日本農業の動き』は、このような我々の努力の一端を、日本農業の現在並びに将来について関心をもつ、すべての人々に知っていただくために刊行されているものである。

我々は、本誌が会内外の強い支援に支えられて発展し、我が国農業の進歩に少しでも役立てば幸いであると思っている。

農政ジャーナリストの会

■ 日本農業の動き ■　No.210

現場発
コロナ禍に揺れる食と農

農政ジャーナリストの会

目次

農業気象台

○…二月一六日、第六七回ＪＡ全国青年大会が、ウェブ配信というかたちで開催された。この大会は、かつては東京・日比谷公会堂、近年はメルパルクホールに、全国から一五〇〇人のＪＡ青年組織の仲間が集い、「ＪＡ青年の主張」「ＪＡ青年組織活動実績発表」大会に声援を送り、夜は酒を酌み交わし、二日間に及ぶ交流と相互研鑽を図る一大行事である。

　しかし、新型コロナウイルス感染症の拡大を受け、東京での開催を断念。参加者は自宅や地元のＪＡなどに集まり、パソコンやスマートフォンの画面から、大会の一部始終を見守ることとなったのだ。

　主催するＪＡ全青協（全国農協青年組織協議会）会長の田中圭介さん（福岡県）は、「コロナ禍を『できない理由』にするのではなく、コロナ禍でもできることにチャレンジしていく。前年踏襲ができないので、なにをやったらよいかわからないなかでの開催だったが、裏を返せばなにをやってもよい状況だと考え、腹は座った。でも本音は、無事に終わるかドキドキでした」と、胸の内を明かす。

　青年の主張や組織活動実績発表は事前に録画し、審査委員は配信された動画をリアルタイムで見て、それぞれの最優秀賞を決定した。二日めの恒例行事となっているパネルディスカッションは事前に収録して配信するなどコンパクトに大会を半日に凝縮させた。

　当日の視聴者数は一七〇〇余りを数え、史上初の試みは大成功を収めたと言えるだろう。

○…振り返れば、昨年二月の前回大会の直後から、イベントや会議、会合の自粛が本格化し、子どもたちへの食農教育をはじめ、ＪＡ青年組織の活動も中止を余儀なくされていた。出口の見えないトンネルが、まさか一年以上も続くことになるとは予想しえなかったこと。

　○…ＪＡ全青協は会長と二人の副会長、各地域から選出される六人の理事で執行部が構成されるが、昨年五月の新体制発足から今年三月末まで全員が顔を合わせる会議は一回しか開けなかったそうである。しかし、オンラインを駆使し、当初予定していたすべての会議を、中止することなく開催している。

さらに、執行部や都道府県のＪＡ青年組織リーダーをメンバーに、六つの作目別・課題別部会を結成。オンラインで議論を重ね、昨年一一月、食料・農業・農村基本計画の達成に向けた要請事項としてまとめている。以下に、その内容の一部を紹介する。

①水田対策

非主食用米の取り組み面積に応じた面積拡大加算金を創設し、抜本的な需給均衡策に取り組むこと。

②青果対策

野菜価格安定制度と収入保険の同時加入の恒久化と、収入保険の機能の充実・拡大を図ること

③畜産・酪農対策

生産者が意欲的に増頭・増産できる環境が必要であり、持続的な生産基盤の確保や肥育生産支援などのコロナ対策を拡充すること

④都市農業対策

三大都市圏特定市以外の自治体に対し、国土交通省・農林水産省が連携し、「地方計画」の策定や生産緑地制度の活用を促すこと

⑤農業経営対策

準担い手・作業支援者の増加、農の雇用事業の研修生要件の緩和などの見直しを行い、農業者数の増加に取り組むこと

⑥地域活性化対策

人・農地プランを真の意味で実質化させるために、策定に当たっては後継者の参画について周知徹底すること

○…二〇二〇年度、ＪＡ全青協では「学習を基に自らの組織を見直し、一〇年後の未来を描く」ことを目標に掲げ、活動を進めてきた。副会長の高原弘雅さん（岡山県）は、「コロナ禍ははからずも、自らの組織や組織活動を見つめ直す時間になった」と語っている。今年五月には、柿嶌洋一さん（長野県）が会長に就任予定。新たな体制がスタートする。

コロナ禍でも歩みを止めることなく、農業や地域の課題に正面から向き合う全国の青年農業者の熱意に、未来を描き、行動する羅針盤として期待したい。

（魚）

農業気象台

特集：現場発 コロナ禍に揺れる食と農

コロナは日本農業に何をもたらしたか

会員 合瀬 宏毅

二〇二〇年三月、出勤途中で見かけたスーパーはどこも異様な風景だった。開店まで時間があるにもかかわらず大勢の人が店の前に列を作り、食料品や水を買い求めようと並んでいる。新型コロナの感染拡大で、小池東京都知事が首都のロックダウンを口にして以来、都内のどのスーパーも同じような状況で、棚にはカップ麺やパン、チルド食品だけでなく、コメなど保存性の高いものから軒並み消えた。

いうまでもなく、農業の最大のミッションは国民に安全で安心できる農産物を一定の価格で、しかも安定的に供給することである。農林水産省が、こうした事態が起きた直後から食品の在庫がたくさんあること、過度な買いだめや買い急ぎをしないことをくり返し訴えたのは、食料の安定供給に責任をもつ役所としては当然の行動であったろう。幸い在庫は十分あり、コロナ禍の中でも海外との貨物の行き来は途絶えなかった。このため行列は数日で消えた。しかし新型コロナは、人々が我が国の食料供給に不安を持っていること、我が国の持つ農業現場の脆弱性を改めて浮き彫りにし、一方で人々の行動は大きく変わり流通や外食産業への強い影響をもたらした。

激変した消費のかたち

人々の行動を変えたのは、感染への恐怖だ。政府は新型コロナウイルス感染症専門家会議からの提言を踏まえ、従来の行動を見直すよう「新しい生活様式」を提示。感染拡大防止のためには密集、密接、密閉の「３密」を避けることが重要だとして、大人数での飲食の制限やテレワークなどこれまでの生活様式の変更を人々に求めた。当初は感染拡大を軽く見ていた人も多かったが、タレントの志村けんさんや岡江久美子さんが感染後、相次いで亡くなったことで世の中の雰囲気は一変した。渋谷や新宿という、いつもは人で溢れる繁華街から人が一斉に消えたのである。

大きな影響を受けたのが外食産業だ。街に人がいなくなってしまうと、外食産業はたちまち干上がってしまう。日本フードサービス協会がまとめた二〇二〇年の市場動向によると、加盟する外食チェーン全体の売り上げは四月の前年同月比四〇%減を底に、その後、回復傾向を示したものの、八月の「第２波」、一一月以降の「第３波」の感染再拡大を受けて、年間で大幅に落ち込んだ。
テイクアウトに早急に対応したファストフードはともかく、「居酒屋」の五割減を筆頭に、「ファミリーレストラン」は二二％、「喫茶」は三一％、そして「ディナーレストラン」は三六％、それぞれ売り上げを減らした。協会によると、感染を避ける消費行動やテレワークの増加などの働き方の変化を受けて、外食もまた「繁華街立地」「店内飲食」から、「郊外立地」「テイクアウト」重視にビジネスのあり方を見直す方向であるという。

一方で、外出自粛にともない、自宅に居ながら買物をしたり、ネットでの娯楽を楽しんだりする「巣ごもり消費」関連商品は売り上げを大きく伸ばした。パソコンや家電だけではない。日本チェーンストア協会によると、全国の主なスーパーの去年一年間の売り上げは、一二兆七五九七億円と前年比で一％の増加だった。一％とは言え、スーパーの年間売り上げがプラスとなるのは、消費税率引き上げの反動で売り上げを伸ばした二〇一五年以来、五年ぶりだという。

家庭の消費はどう変わったか

では人々の消費はどう変わったのか。先日発表された二〇二〇年の家計調査を見てみると、興味深い実態が浮かび上がる。全世帯における年平均の一月あたりの消費額は二七万七九二六円と前年に比べ五・三％の下落。外食が二五％減らしたほか、交通費は四八％、洋服の購入費は二〇％、パック旅行は実に七二％、前年に比べそれぞれ減らしている。新しい生活様式の中では、旅行や外へ出歩くことはままならない。また、テレワークではスーツなども必要ない。消費額が大きく落ち込んだ品目を見ていると、感染を避けて家に閉じ籠もる人々の様子が見えるようである。

一方で、消費額を増やしたのが食料品だ。全体としては一・五％の伸びに過ぎないが、麺類の一七％を始め、酒類が一六％、肉類は一一％と前年に比べ大きく消費額を増やしている。また、魚介類や生鮮野菜、果物も五％以上、コメも四％近く購入額が増えている。調理食品が三％しか伸びていない事に比べると、テレワークなどで時間ができた消費者が自宅で調理に向かい、家呑みを楽しむ姿が数字上からもはっきり想像できる。

外食が減った分、生協などの宅配事業は伸びた。年間三〇〇〇万人いたインバウンドは消えてしまったが、一般の人たちが食べることを止めたわけではない。消費の形態が変わりはしたが、需要がシフトしただけと考えれば、国産農産物への影響は最小限だったと言ってもよいだろう。

むしろ驚いたのは農産物輸出額の伸びである。コロナ禍で外国との行き来が制限されたにも関わらず、二〇二〇年の農林水産物・食品の輸出額は九二二三億円と前年に比べ一・一％の伸びとなった。これまでは農産物輸出の多くが海外の日本食レストラン向けだったが、今回は飲食店の需要が減って牛肉や水産物が苦戦する一方で、海外でも巣ごもり需要が受けたのか、家庭用需要が堅調なコメ、卵、乳製品などが大きく増加した。中でも卵は前年の二倍以上と大きな伸びを見せた。

香港などでは日本の「卵かけご飯」が大人気で、国際的に高い衛生管理をおこなう日本の卵が、ここ数年大きく輸出を伸ばしている。これまで海外では卵を生で食べる習慣はなかったが、インバウンドで日本に旅行に来た観光客が日本で卵かけご飯を食べ、その美味しさに気づき、それが輸入に繋がったと見るべきなのだろう。

卵だけではない。シャインマスカットなどのブドウは二九％、イチゴも二五％増でいずれも過去最高を記録した。甘さや品質の高さが海外でも知られるようになり、家庭用需要が後押しし、パック用ご飯やサツマイモも過去最高だった。牛肉では飲食店向けが不振だったが、薄くスライスした肉を小売店などで販売したところ輸出を盛り返すことができたという。

観光庁によると二〇二〇年の訪日外国人数は四一一万人と前年に比べ八七％の減少となった。前年の訪日客の年間消費額が四兆八〇〇〇億円だったことを考えると、単純に計算しても四兆円が蒸発したことになる。しかし経産省の調査によると、日本から中国へネット販売の市場規模は、二〇一九年には一兆六五五八億円と六年前の四倍に成長している。中国のネット販売でも日本製品は相変わらず人気だ。インバウンドの消滅は日本農業にとっても大変な損失ではあるが、輸出額の伸びを考えれば、明るい材料と言える。

明るい材料と言えばもう一つ、東京一極集中への変化がある。総務省が二九日発表した二〇二〇年の人口移動報告では、東京都への転入は依然超過ではあるもののその数は三万一〇〇〇人と、前年の八万二〇〇〇人に比べ半数以下となり、そのペースが落ちていることが分かった。東京からの転出者数は四〇万人と前年より二万人増えている。

とはいえ東京からの転出先はあくまでも埼玉、千葉、神奈川など近隣県が中心。新型コロナ対策における職場以外で働くテレワークの浸透で、自宅で仕事ができるようにより広い面積を求めて移転したものと見られている。ただ、人口過密な都市部を中心に感染が広がったことで地方への関心が高まったことも事実で、大分や鳥取などは移住を受け入れる体制を整えているし、総務省でもポストコロナ社会に向けた地方回帰支援として、デジタル技術を活用した地域コミュニティの新たなつながりの創出事業や、関係人口を活用した地域の担い手確保事業に予算をつけるなどして、その流れを後押ししようとしている。

問題はこうした人の流れを農村の活性化に結びつけることができるかである。

生産現場の人手不足が浮き彫り

日本全体の生産年齢人口が少なくなる以前から、農業の生産現場は常に慢性的な人手不足だった。農業分野での有効求人倍数は全産業平均を上回り、ハローワークなどで求人をおこなっても人を確保できるのは希だった。そこを埋めていたのが、外国人実習生だった。そこにコロナである。

感染拡大で国境の行き来が制限された結果、三万人とされる外国人技能実習生の来日が難しくなった。三万人は農業法人などが雇う常時雇用者の一五％近くに当たる重要な労働力だ。それが感染拡大によって国境が封鎖されたために来日できなくなった。もちろん農業現場では、外国人実習生の代わりに、コロナで売り上げを減らした国内の観光や外食産業から従業員などの応援をうけて、対応はおこなった。しかし、そうした人たちが直面したのは労働環境の劣悪さであった。

　動植物の生理に合わせて、播種や耕耘、収穫をおこなう農業はその過酷な労働環境から、キツい、汚い、危険の典型的な３Ｋ産業と言われてきた。しかも多くの農家は人を雇うことに慣れていないから労働環境の改善も遅れている。人を雇う場合、出退勤や休憩時間、残業などの労働時間を管理し、社会保険、健康保険などを整備することは労務管理の大原則である。しかし農業界では、以前から雇用関係を結ばない研修をおこなうことや、口頭のみの雇用契約で労働条件を示さないまま雇用している場合も少なくなかった。この後の座談会で出てくる、グリンリーフの澤浦社長やイオンアグリ創造の福永社長のように人を雇うときに守るべき労働法制の知識を持っている農業者はほとんどいないのが実情である。これでは一時的とはいえ、外国人の代わりに農業を手伝ってくれる人はいない。

　実際、農林水産省が二〇一四～一六年に農業法人などを離職した人におこなったアンケートでは「予想以上に農繁期と農閑期の給与の差が大きい」や「給与体系が日給制で安定しない」などの給与への不満から「個人経営であり、社会保険に加入していない」などの社員としての待遇、それに

「周囲との会話が無い」や「上司から明確な指示がない」などの組織運営に関わることまで様々な問題が浮かび上がってきている。会計検査院が二〇一五年に公表した農の雇用事業五年間分についての定着率調査によると、その割合はわずか四〇％弱だったという。

感染がいつ収まり、海外との交流がいつ復活するのか。将来が見通せないのであれば、外国人実習生を充てにすることはできない。であれば、地域農業としてはパートタイムなどで農業に従事する近隣住人を増やすか、農作業の省力化を進めていくしかない。農場の労働環境を見直し、働き方改革を進めていくことが必要だ。

農業における労働環境は多少改善されているとは言え、コロナ禍で応援に来た観光や外食産業の人たちから、その後も是非農業で働きたいという声は聞くことはない。新型コロナの感染拡大は外国人実習生に頼らない労働環境の整備や働き方改革を農業現場に突きつけたとも言える。

コロナをきっかけに変わる労働環境

では、人手不足をどう解決するのか。農業の労働環境を改善する一つの方法がＩＴ技術の利用だろう。言うまでもなく日本農業の単位面積当りの生産性は他の先進諸国に比べて極めて低い。耕作面積が狭いことに加え、生産から出荷までの農作業の大半を農家が、昔ながらの勘と経験でこなしているためである。

他の先進国では気象や作物の生育、農薬や肥料の使用データを活かし、それを生産性向上に結びつけるスマート農業が生産現場を大きく変えている。どんな作業が生育や収穫に結びついたのか、データが無ければ作業の改善点は見えない。ただ日本でもＩＴを経営改善に活用する農家は徐々に増えている。人手不足が進めば農業自体が立ち行かなくなる。コロナが農業のＩＴ化を後押ししている格好だ。

これまでＩＴ技術を農業に使おうとする農家は、国内では施設園芸など一部を除いて少なかった。機械の一環作業体系ができているコメを除けば、野菜栽培などで最も手がかかる収穫、出荷作業をやってくれるような機械化は進んでこなかったからだ。例えば、二〇一二年に農研機構とヤンマーなどが開発したキャベツ収穫機。キャベツ栽培における全作業量の三割を占める収穫作業を、一日二〇アールと人の二倍の速度でおこなう画期的な機械だと、開発当時は大きな期待が集まった。しかしそれから一〇年近く経った今も、思ったほど普及はしてない。一つ一つのキャベツの生育に合わせて、機械が選んで収穫してくれるわけではないので、収穫したキャベツに大きさのばらつきが出て、そのことでかえって生産性が落ちてしまうためだ。

もちろん機械が大きさをセンサーで判別して収穫を判別してくれれば能率はぐっと上がる。しかし、それでは一枚の畑に何度も機械を入れなければならない。もし栽培段階からキャベツが均質に育つなら収穫は一度で済む。それを可能にする技術も年々進化している。当然だが、一枚の畑でも場所によっては地力がバラバラで、そのことが農産物の成長のばらつきを生む場合がある。であれば、畑の地力のばらつきを細かくデータ化し、それに合わせて肥料の分量を調整すれば、作物は均質に成長する。そうした可変施肥ができる機械も徐々に普及してきた。

可変施肥はスマート農業の一つの技術に過ぎない。畑や農産物の生育状況を細かくデータ化すれば、害虫や病気対策もドローンなどを使って細かく対応出来、しかもコストダウンを図ることも出来る。重要なのは今回のようなピンチをチャンスに変えることができるかである。

新型コロナウイルスの感染拡大が始まって一年。感染拡大は日本農業がもともと抱えていた人手不足への対応の遅れを浮き彫りにするともに、一方で、巣ごもり消費による国産農産物への回帰や輸出拡大というチャンスも広げた。またテレワークの普及で東京一極集中の是正の芽も見えてきた。こうした動きをどう大きな流れに繋げていくのか、そこに日本農業の未来がかかっているように思う。

（おうせ・ひろき　アグリフューチャージャパン副理事長　元ＮＨＫ解説主幹）

新型コロナウイルスによる
わが国食料・農業への影響と政策対応

農林水産省大臣官房参事官
岩間　浩

私は、農林水産省で食料安全保障を担当しております。新型コロナウイルスの感染が世界的に拡大していますが、目下、輸入穀物などの安定供給を確保するため、商社等の皆様からのヒアリングや意見交換、また、当省の国際部や在外公館と連携した海外情報の収集・分析をおこない、最新情報をホームページや記者説明等を通じて積極的に発信しております。今日は、新型コロナウイルスによるわが国食料・農業への影響の現状と対応について、また、三月末に閣議決定された新たな食料・農業・農村基本計画についても担当しましたので、お話させていただければと思います。

食料安全保障については、食料・農業・農村基本法に基づき、国内の農業生産の増大を基本に、輸入・備蓄の組合せという形でおこなわれています。また、不測時に備え、リスクの定期的な分析や緊急時の対応指針の策定をおこなっています。具体的に申し上げると、食料の安定供給の確保については、基本法の第二条に、将来にわたって良質な食料が合理的な価格で安定的に供給されなければならないとされています。さらに、同条第二項には、世界の食料の需給及び貿易が不安定な要素を有していることにかんがみ、国内の農業生産の増大を図ることを基本とし、これと輸入及び備蓄を適切に組み合わせておこなわれなければならないとされています。

同条第四項には、国民が最低限度必要とする食料は、不測の要因により国内における需給が相当の期間ひっ迫し、または、ひっ迫するおそれがある場合においても、供給の確保が図らなければならないこと、さらに第一九条では、不測時における食料安全保障が規定されています。なお、基本計画では、総合的な食料安全保障として、不測時とともに、平素の取組も含めて対応していくと整理されています。

新型コロナの影響への対応

新型コロナウイルス感染症は、まさに現在進行形で動いている話でございます。補正予算も、第一次補正、第二次補正と続けてきております。現場では需要の急速な減退、在庫が滞ったり、労働力が不足するという、非常に厳しい状況にあります。農林水産業は工業と異なり、生き物を扱いますので、成長・生育は止められませんし、収穫の適期も短期間に限られています。需要が減少したからといって、すぐには生産をストップできません。従って、まずは生産を止めないことが大事であり、様々な需要喚起のための販売促進や輸出商流の維持・拡大に取り組んでいます。労働力の面では、外国人技能実習生が来日できない、あるいは帰国できない状況の中、人材確保の観点からそうしたところの調整をし、国内の人材も参画できるようにしています。外食の対策も重要であり、売上が非常に厳しい状況の中、資金繰りなどでできる限りの支援をしようということでございます。

生産支援としては、運転資金として、実質無利子化や無担保化、畜産でのマルキンの生産者負担の納付猶予や、また種苗・機械の調達支援もおこなっています。さらに、国産農産物への切り替えや感染防止対策など、総合的におこなっていきます。

農業生産、食料供給への影響

まず、小売・卸売業の売上高が大きく減少しています。飲食料品小売業では、百貨店が四月（二〇二〇年）が対前年で五〇％、コンビニエンスストアが八八・七％です。一方、ドラッグストアは一二六・一％と、スーパーマーケットとともに対前年ではむしろ伸びています。卸売業全体が八九・八％と、一〇％あまり減少しています。食品スーパーの四月の販売額は、対前年で一一〇％を超えています。惣菜は、持ち帰りが減っているようです。冷凍食品では、冷凍の麺や米飯、冷凍農産が増えています。

外食産業が、まさに大きな打撃を受けています。お酒を飲む機会が減ったことから、パブレストラン・居酒屋の四月の売上高は対前年で八・六％と九割以上減っています。ディナーレストラン、喫茶も、外出自粛の影響を受けています。一方、ファストフードなどの持ち帰りはそれほど落ちてはいなくて、ファミリーレストランも六割減ですが、他の業種に比べれば、まだテイクアウトなどの工夫もして耐えているということではないかと思います。民間の調査によると、緊急事態宣言解除後の外食の利用の意向は、宣言前よりも頻度は減るが利用したいという人が多くなっています。

家計調査で各品目の動きを見ると、二月、三月にお米が買いだめされましたが、四月には一段落しているようです。また、パスタ・小麦粉の購入が非常に伸びています。家庭での消費が増えたことから、国産の豚肉、大豆、鶏卵などは、家庭内消費の増加により価格が上がっていますが、牛肉、鶏肉の価格は下がっています。品目別の販売金額を見ると、二月の後半に、外出自粛や小中学校の休校措置が出たことから、お米の消費がぐっと伸びていますが、その後、小麦粉やパスタに比べれば、安定した動きになっているのが見て取れます。

各品目の消費動向をＰＯＳデータから見ると、お米は周期的に上下していて、特に休校要請があった二月の後半、外出自粛の要請があった三月の後半に売上がぐっと伸びています。逆に、パスタはぐっと伸びているところが突出しています。お米は重量物ですので週末に買うことが多いようですが、パスタはお米ほど細かく購入が上下してはいません。やはり日本は、お米が主食であり、自給率も高いので、主食がいつでも買える環境があることが極めて大事ではないかと考えます。一方、外出自粛中に多くの家庭でケーキを作ろうして、もともとそれほど在庫が少ないケーキミックス小麦粉の売上が一気に伸びて、店頭からなくなるという状況になりました。それでも、パスタ・小麦粉などの国内製造業者は昼夜フル操業の生産体制で最大限供給しているということです。

和牛も影響を受けている品目です。価格の動きをみると、やはり、二月、三月は落ちており、さらに四月も価格がぐっと下がっています。ただ五月に入って、比較的値を戻しているように見えます。花も影響を受けています。緊急事態宣言の後に、切り花の価格が非常に下がりました。そこで農林水産省では、江藤大臣をはじめ、幹部職員が上着の胸ポケットに花を挿していろいろな会議に出るなど、花いっぱいプロジェクトを展開しております。そうして、花を買っていただき、生産を維持することがきわめて大事です。こうしたプロジェクトの結果もあると思いますが、比較的低い水準から価格が上がってきているのではないかと思います。花は食べ物と違って嗜好品のようなところがありますが、苦境にある花農家さんがいらっしゃるので、その消費を伸ばしていこうと、今も取り組んでいるところです。

応援消費の背景

帝国データバンクの意識調査で、業績にマイナスの影響があると回答した企業の割合、同じくプラスの影響があるという割合を見ると、特に農林水産でマイナスの影響があるという企業数が伸びていて、一方、プラスの影響があるという企業はだんだん下がってきています。そこから見ても、農業の厳しい状況がわかります。

コロナ禍の中で、購入を増やしたい商品についてのアンケートでは、回答数の多い順に、冷凍できるもの、消費期限・賞味期限の長いもの、簡単に調理できるものです。やはり、家でこもって食べることになるので、そういう物に関心が集まっていることが見て取れます。コロナ発生下での生活スタイルの変化については、学校が休校していることから、子供が家にいる時間が増えた、配偶者が家にいる時間が増えたと答える方が比較的多くなっています。

農水産業の生産者に対して応援消費、すなわち生産する方、地域の方を応援して産品を優先的に買おうという動きに関する調査では、特に、応援消費をおこなった方が、女性で六〇歳以上の方で高く、男性は逆に若い方で高くなっています。こうしたことは、興味深い動きだと思っており、さらに分析していく必要があると思います。応援消費をおこなった理由は、「商品・サービスに価値があるから」、「応援先が困っていると感じたから」、「日本経済を回す必要」、「応援先の理念や価値観に共感」ということで、消費者の個々の方が、応援しようという考えと、日本経済を回すという使命感がミックスされた回答になっています。これを年代別に見ると、応援先のことが好きという回答が若い人に多く、日本経済を回す必要があるという回答はむしろ高齢の方が多くなっています。応援先に友人がいたからという回答も若い方が多いようで、応援消費の動機は世代によって違うことが見て取れます。

子ども宅食を利用している家庭へのアンケートでは、年収三〇〇万円未満の一人親の方が多いのですが、コロナウイルス感染予防策、一斉休校など現在の生活についてあてはまるものについて聞いています。特にその回答として多かったのが、支出が増えたということで、収入が減ったという方よりも多くなっています。こうした特徴的な動きが見られます。

穀物等の輸入への影響

四月（二〇二〇年）には、コロナウイルスの感染が世界的に拡大する中で、輸入規制を導入する国の増加が報道されました。わが国で輸入依存度が高い品目としては、小麦、油脂、飼料などがあり、今の豊かな食生活を実現する上では、食料自給率の向上努力はもちろんですが、小麦、油脂、肥料などの輸入の安定確保も極めて重要になります。

食生活の中身は年々変化してきております。各品目の供給熱量の推移を見ると、特に一九九三年度は米の大不作だった年なので、米の供給熱量に占める割合が低くなっています。実は二〇一八年度は、一九九三年度と同じくカロリー自給率は一番低い三七％だったのですが、その構造を見ると、小麦・油脂・畜産物の供給熱量の割合が高まっているということが見て取れます。これらの品目は自給率が低く、裏返せば輸入の安定が、普段の食生活にとって非常に大切になってくると考えております。

一方、穀物の需給動向をＵＳＤＡの資料からみると、二〇〇八年は穀物の生産が消費を下回り、期末在庫率が低下した中、食料危機といわれ、価格が高騰しました。当時は、引き続き食料の生産が本当に増え続けるのか、需給ひっ迫が非常に懸念されたのですが、事実関係としては、二〇〇八年以降、現在まで生産は順調に伸びてきています。ＦＡＯでは期末在庫率の目安について、以前は一七％ぐらいの水準が必要といっていましたが、直近の二〇二〇／二一年度は三一・二％と、過去二〇年間で最高の水準となっており、現時点での需給としては、おそらく一番恵まれた状況と予測されています。

こうした中で、コロナウイルスの状況ではあるものの、現時点での穀物の国際価格は比較的落ち着いています。特に大豆・トウモロコシは、傾向的に価格が上がる状況にはありません。お米は、もともと市場が薄いことに加えて、ベトナムが輸出規制をしたことから、価格が跳ね上がっていますが、直近では少し下がってきているという動きです。トウモロコシは、二〇〇八年頃、バイオ燃料の生産が拡大し、エタノール原料として使われますが、現在は原油価格が低い状況にあります。トウモロコシの価格と原油価格を並べてみると、トウモロコシの価格が原油の価格に影響され、連動する動きが見て取れると思います。

現在、農産物・食品の輸出規制がおこなわれているのは一三か国となっています。これまでの累積では一九か国で輸出規制がおこなわれました。二〇〇八年は、食料価格が国際的に高騰したことから、特に途上国を中心に、食料を自国内に供給するよりも他の国に輸出して儲けようとする動きを封じるため、三一か国で輸出規制が実施されました。日本は、輸出規制をおこなっている国からの穀物等の輸入はほとんどありませんので、輸出規制の影響は出ていないという状況です。

コロナウイルスが拡大し、輸出国で外出自粛が余儀なくされると、穀物等の輸出業務に支障が生じるのではないかという指摘も一時期ありました。この点について、アメリカでは、国土安全保障省によって、基幹的に重要な社会基盤の従事者（エッセンシャル・クリティカル・インフラストラクチュア・ワーカーズ）を指定し、コロナウイルスの感染期においても、通常通りの操業を続けるべきとしています。この業種の一つに農業、食品関連産業が指定されています。また、アメリカの食肉施設の従業員にコロナウイルスの感染が拡大し、アメリカでは一時期、食肉の流通が不足し、大手小売店に行列ができる事態も起こりましたが、国防生産法に基づく大統領令によって操業の再開指示が出て、と畜頭数は今のところ九割くらいまで回復していると言われております。USグレインズカウンシルによると、アメリカの穀物輸出施設は、おおむね正常に操業を続けている状況だということです。カナダもアメリカと同様の枠組みで、重要な社会基盤の業種として、食品が指定され、わが国の在外公館等からの情報でも食料供給が滞っているという話はないと聞いています。

ブラジルは国内で感染がかなり拡大していることから、われわれも懸念しておりました。昨日も、関係する方から写真や動画を見せていただいて、港湾までの陸送や輸出業務の状況を確認しましたが、現時点では、輸送の遅れなどはないという報告を受けております。ブラジルの農業大臣も、エッセンシャルワーカーのような措置をとって、輸出は滞らないようにすると発言をしていると聞いています。

コロナ禍でも世界の食料需給は総じて安定

こうした輸出規制に対して、わが国は自由貿易を支持しておりますので、四月二二日（二〇二〇年）、G20の農相会合で、江藤大臣から不当な貿易制限を回避していこう、WTOルールを守ろうと訴えて、共同声明に盛り込みました。各国が輸出規制をかけ合うことなく、輸入の安定を確保していくことが大切です。

農林水産省の食料安全保障室では、麦、トウモロコシ、大豆を取扱う商社等の皆様との情報交換に力を入れ、最新の実態把握に努めています。コロナウイルスの感染拡大以降、これまで週に一回くらいのペースで、わが国の輸入に影響が出ているのか現地の港湾の積み出し等の状況も交えて、省内の品目担当と一緒に、リモートなどで感染防止に努めながら、情報交換をしています。商社だけではなく、海運会社や現地でコンサルティングをされている業者の方などからも話を伺い、現地情報の収集・分析を幅広くおこなっています。物流については、感染防止のため多少積み込みの距離をとるなど、時間がかかる事例はありますが、そのために輸出業務に支障が生じているといった具体的な影響は見られないということです。

ブラジルでは、大豆等を畑から港湾までトラックで輸送しているので、トラックドライバーが感染したらどうするかという懸念もありましたが、今のところ、物流が止まったという話はありません。生産面では、大型機械で効率的に収穫等がおこなわれており、コロナの影響で作業が滞る状況ではないということです。供給の見通しも、先ほど在庫率が高水準だと申し上げましたように、今のところは安定的に推移しているということです。

一方、実際に港湾労働者の方や船に乗っている方が感染した場合に積み荷がどうなるのかという懸念も考えられますが、私どもの承知している限りでは、船で感染したという話は聞いておりませんし、具体的に、荷が降ろせなかったというケースもないと承知しています。

二〇〇八年の穀物価格が高騰したときと今回のコロナ禍での食料供給について比較をしてみました。二〇〇八年当時は、もともと期末在庫率が大幅に下がっていたことが価格高騰の大きな要因でしたが、今回は二〇〇〇年以来の非常に高い在庫水準となっています。原油価格は二〇〇八年七月に一バレル当たり一四七ドルまで高騰し、これは今でも過去最高の記録です。最近はコロナウイルスによる需要低迷により一時マイナスとなり、現在、三〇～四〇ドル台で推移しています。また、二〇〇八年当時は、穀物価格の上昇に加えて、投機資金の流入がさらなる上昇要因になったのですが、二〇二〇年は、トウモロコシの価格が一ブッシェル当たり三ドルと、先物も含めて比較的落ち着いています。輸出規制は、二〇〇八年当時は中国やブラジルも含めて三一か国輸出規制があったのですが、今回は、こうした状況ですので輸出規制は限定的ではないかと考えております。

そういう意味では、二〇〇八年当時と状況が異なり、世界の食料需給は非常にひっ迫するとか、日本の輸入確保に不安が生じる兆候はみられないと考えております。ただし、だから大丈夫だということではなく、やはり原油価格の影響が外生的に大きいと考えており、二〇〇八年当時は原油価格が高騰し、バイオエタノールに穀物が仕向けられた状況もありましたので、今回、もし原油価格が高かったとしたら、また違った動きになっていたのかもしれません。

ＦＡＯが最新の二〇二〇／二一年の世界の農業見通しを出しました。世界の食料生産は良好で在庫も多く、国際食料価格は低いと見通しており、コロナウイルスの拡大により不透明感はあるものの、世界的食糧危機は切迫したものではないとされています。

コロナに対する現時点の政策対応

コロナ禍では、例えば、トイレットペーパーが国内で生産されており、十分な在庫があったにもかかわらず、不安をあおる投稿を見た人から、店頭からなくなってしまうのではないかという誤解が広がり、結果として多くの人が買い急ぎに走ってしまった結果、店頭から商品がなくなったという事態が生じました。農林水産省では、こうした状況を踏まえ、当初から、まず正確な情報を把握し、しっかり発信していくことで、落ち着いた行動をとっていただくことを基本に対応してきました。ホームページに専用コーナーを設けて、業界団体の皆様と連携して、在庫は十分ありますので安心してください、買い急ぎは控えましょうと、農林水産省からだけではなく、各業界など多方面からわかりやすい情報を出していくことを心掛けました。実際に、穀物の生産や期末在庫、輸入先国の状況などの客観的な情報を整理し、ご理解いただけるようにしています。また、店頭に食料が十分に並んでいるか供給状況を把握し、実際に棚に並んでいない場合はきちんと供給されるように調整することにも努めています。

　経済活動が停止することへの対処として、その影響を緩和するための様々な支援を通じて、需要を取り戻すことや、経済活動再開に向けた準備への支援をおこなっています。国民の安定的な生活を確保するため、感染防止策をとりながら事業継続するための支援や、風評による市場の混乱の回避、そして需給のインバランスの是正といったことをおこなってきています。

　農林水産省ホームページには、必要な分だけ買いましょう、過度な買いだめ・買い急ぎはしないようにしましょう、転売目的で買うことはしないでくださいなど、メッセージをわかりやすい形で呼びかけるとともに、企業等の御協力をいただいて、動画で生産・流通の現場状況を見られるようにしています。また、食料品の供給状況については、スーパーマーケット、コンビニ、卸など各業界の御協力を頂きながら細かな情報を出しており、メーカーからも生産状況を出していただいています。

三月には、コロナウイルスの感染者が発生した場合の農林漁業者・食品事業者のための業務継続ガイドラインを発表しました。予防対策の徹底、実際に患者が発生した場合の対応、施設の消毒などについて言及しています。また、実際に業務を継続していくため、農業労働力の不足に対応して、外国人技能実習生の在留延長を可能にする、あるいは他の分野の技能実習生が職業を変えて就業できるようにする、といったことをおこなっています。働きたい方と求人農家とのマッチングを支援します。必要となる交通費・宿泊費、労賃の援農支援を進めています。

牛乳の消費拡大については、農林水産省の職員が牛の着ぐるみを着て呼びかけ、テレビでも取り上げられました。このような広報も含めて、あらゆる形で消費を盛り上げることをやっております。休校で行き場がなくなった、給食用牛乳以外でも食材の販路確保ということで、マッチングの支援、通販サイトで送料無料の支援をするなど、消費者に買っていただける状況をつくり、需要が極力減らないようにやっています。フードバンク、子ども食堂など、コロナ禍のもとで、休業によって使用されなくなった食材をうまく子ども食堂のほうに回すかたちでのマッチング支援もおこなっています。

輸出の状況を見ると、二〇二〇年一~四月では、対前年同期で九・四%の減少と厳しい状況です。中国、台湾、ベトナムは、累計では減少しているものの、四月単月で回復の動きが見られます。外食向けが多い水産物、牛肉、アルコールが大きく減少している一方で、家庭食へシフトしたため、米や鶏卵が伸びています。米や鶏卵は香港での家庭購入が伸びていて、牛乳・乳製品はベトナム向けの粉乳が伸びています。香港向けでは、甘しょも伸びています。

輸入の方は、二〇二〇年の一~四月については、対前年比五・二%です。タマネギが二月ぐらいに日本で供給が滞りましたが、これは中国で新型コロナウイルスが拡大し、収穫や加工が一時期できなくなったことがありましたが、現在は回復しています。輸入する国、生産する国だけではなくて、農産物によっては、中間的な加工や調製といった作業だけをおこなう国もありますので、その部分も考えていく必要があると考えております。

これからの経営の円滑な継承

次の話題として、新たな食料・農業・農村基本計画についてお話しします。今回の基本計画は、三月三一日(二〇二〇年)に閣議決定されました。検討に先立ち、まずは現場の声をできるだけ多く伺い、現場目線の政策課題を把握するため、前年の三月(二〇一九年)から六月にかけて、農業者の皆様、事業者の皆様、中山間で農村振興に取り組む方々など、様々な方にお越しいただいて、食料・農業・農村政策審議会企画部会によるヒアリングをかなり濃密にやりました。その中で、現場のご苦労や政策の課題などを様々いただき、それが検討の土台になったと考えております。

　今回の基本計画では、これから人口が大きく減少していく中で、わが国農業・農村はどう対応していくのかという「持続可能性」が計画全体を貫く大きなテーマになったと感じます。実際に、企画部会の議論を通じて「我が国の食と活力ある農業・農村を次の世代につなぐために」という副題が初めて付けられました。わが国の人口は二〇〇八年にピークを迎え、その後大きく減少していきます。特に、生産年齢人口が二〇五〇年には四割減少していきます。単身者世帯が増え、共働き世帯も伸びてきており、ライフスタイルの変化に対応した食の外部化・簡便化志向が高まることから、こうした需要の変化への供給側の対応が大事と考えております。もっとも人口は減少していくものの、一人当たり食料支出額はだいたい横ばいか若干下がるぐらいで、食料支出総額は人口減少ほど減らないのではないかと見ています。

　こうした大きな流れの中で、特に国内農業の生産基盤の脆弱化にどう対応していくかが大きな議論になりました。農業就業者数は、すう勢で見ると二〇五〇年に四割減少すると見通されています。農地面積の見通しは一割減で、農地を誰が担っていくのかということも、これから重要な点です。一方で、必要となる農業労働力は、特に野菜、果実が収穫・調製の作業に人手・労力を要しますので、ここが生産拡大のボトルネックになるケースも出てきています。水田農家へのヒアリングでは、大規模農家ですら、一〇年後に続けていられるかという声もありました。農業には定年がないので、元気に働いていた隣の農業者の方が突然、体の具合が悪くなり、いきなり農地を引き受けてくれとなったときに本当にできるのか、それが非常に不安だという声もありました。農地は水物で、どのタイミングで農地が出てくるのかわからないので先の計画を立てにくい、資金調達も計画通りできるのか、そういう話をうかがいました。経営の円滑な継承がこれからもっと大事になるという問題意識をわれわれは持ちました。

食料自給率は二〇一八年度でカロリーベース三七％、生産額ベース六六％です。基礎的な栄養価であるエネルギーに着目したのがカロリーベースで、経済的な価値で表したものが生産額ベースです。これまでの目標設定ではカロリーベースの向上が重視されてきており、一般にもそう捉えられてきましたが、企画部会の議論では、生産額ベースを重視していくべきではないかという意見もありました。今の農業生産は、畜産や野菜、果実など、高付加価値の品目の生産が伸びており、それが日本農業の特質であり強みであるということで、むしろ強みを伸ばしていくという考え方です。自給率を計算する立場からすると、カロリーベース自給率が一番上がる品目はお米です。しかし、お米は消費が年々減少しているので、そのままでは自給率が下がってしまいます。麦・大豆の自給率をどうやって伸ばしていくか、そして水田の有効活用を考えていくことが課題と考えております。自給率の高いお米の消費が減っていき、自給率の低い油脂・畜産物の消費が増えている中、カロリーベースを高めるためには、やはり、小麦・大豆という部分で国産割合を高めていくことが食料供給として重要であることから、技術的な課題を乗り越えて増産するためのプロジェクトを省内に立ち上げたところです。

カロリーベース自給率の低下要因として、最も大きいのは国産米の供給熱量が減少したことで、平成一〇年と比較して、三･四ポイントマイナスに寄与しています。プラスへの寄与は、小麦、大豆、新規需要米であり、こうした品目への生産の転換も進んでいますが、それでもお米の消費減少を補う状況にはなっていません。

政策方針にコロナウイルス対応

今回の基本計画の基本的な方針は、産業政策と地域政策を車の両輪として進め、食料自給率の向上と食料安全保障の確立を図ることです。また、農業者の一層の減少・高齢化が見込まれる中で、中小・家族経営などの多様な経営体や多様な人材が産地や地域社会に果す役割にも言及しました。二〇三〇年の食料自給率の目標については、カロリーベースで四五％、生産額ベースで七五％に設定しました。また、今回、「食料国産率」という新しい目標をつくりました。食料自給力指標は二〇一五年の前回基本計画から公表を始めたものですが、当時の指標は農地面積の最大活用を前提に計算しており、農業労働力は考慮していませんでした。今回は、農業労働力も考慮した指標に改善するとともに、新たに二〇三〇年の食料自給力指標の見通しを示しました。

講ずべき政策について、ポイントを申しますと、食料については、輸出促進として、二〇三〇年までに農林水産物・食品の輸出額を五兆円とする目標を新たに掲げております。また、消費者と食・農のつながりを深めるとともに、総合的な食料安全保障の確立を掲げています。農業については、担い手の育成・確保、中小・家族経営など多様な経営体による地域の下支え、また、需要構造の変化に応じた生産供給体制の構築・生産基盤の強化として、家畜の増頭・増産、加工用に対応した生産体制を挙げています。気候変動対応では、CO_2の吸収という観点から記述をかなり充実しました。

農村については、所得・雇用機会の確保、人が住み続けるための条件整備、地域の体制・人材づくりと魅力の発信を三本柱としました。これらについては、関係人口など、地域外の人とのつながりが重要になりますし、自治体の職員数も減少するなか、関係府省でもっと連携しようということで、例えば、内閣官房や総務省の地域担当等と連携して、農林水産省の都道府県の支局などがもう少し前に出て、地域で積極的な役割を果たしていけないかということを考えています。

また、東日本大震災があり、全国各地で災害が頻発していることから、大規模自然災害への対応を記述するとともに、団体の政策にも言及しています。さらに、基本計画に基づく施策を講ずる上で、基本となるのは国民の理解と支持であるとの認識の下、新しい項として、食と農に関する国民運動の展開について記述しております。あわせて、新型コロナウイルスの影響が出始めた頃でしたが、政策方針として、これもしっかり書き込もうということで、感染症への対応も新たに項を設けて基本計画に入れさせていただきました。

食料自給率と食料国産率の意味

今回、基本計画に新たに盛り込んだ「食料国産率」について説明します。例えば、牛肉のカロリーベース自給率は一一%であり、国産飼料で生産された国産牛肉のみをカウントしています。これは、輸入飼料で生産された国産畜産物は国内生産としないルールで計算したもので、飼料を含めて、一国の中でどれだけ牛肉を生産できるかという食料安全保障の状況を評価できます。図の左側に肉のイラストがありますが、残りの八九%の部分については、実は、海外から輸入された牛肉が供給されている部分と、もう一つ、国内で肉牛を飼育し、輸入飼料で国産牛肉が供給されている部分に分かれるのですが、今まではっきり示されていませんでした。自給率は国内供給に占める国産の割合ですので、素直に考えれば残りの八九%の部分は輸入牛肉と思う方も多いと思います。

新たにお示しする食料国産率は、国内の畜産生産者が供給している畜産物の状況を評価しようというものです。自給率の上では、海外から牛肉を輸入しても、国内で牛を飼って輸入飼料で国産畜産物を生産しても、同じゼロカウントになってしまうことから、国産畜産物を供給する畜産生産者の努力や畜産生産基盤の状況を評価する観点から、こういう指標を示しました。シンプルに申し上げると、国産率というのは、飼料自給率を考慮しない食料自給率になります。そういう意味では、需要に応じて増頭・増産をする畜産農家の努力が反映されます。また、鶏卵のカロリーベースの自給率は一二%ですが、国産率は九六%になります。私たちがスーパーで卵を見れば、ほとんどが国産であり、国産率は消費者の実感とも合うと考えています。図の左側にある肉のイラストについて、一一%の食料自給率を上げていくためには、残り八九%の部分で、国産牛肉の消費増加、つまり消費で頑張っていく部分は、国産率の裏返しの部分の五七%ということになります。加えて、国産飼料の増産が大事であり、四三%と一一%の差の三二%の部分は、消費の変化ではなく、国産飼料の増産を頑張っていく部分ということになります。自給率と国産率の両方を見ることで、色々な読み方ができると考えています。国産率は自給率の一部でありますので、基本計画では、食料国産率と飼料自給率の双方を向上させつつ、食料自給率の向上を図るという考え方で整理しております。

食料自給力についてですが、その概念は、二〇一五年の前回基本計画と同じであり、農地等の農業資源、農業技術、農業者の三つが構成要素となります。前回の基本計画では、わが国食料の潜在生産力を評価するため、農地をフル活用して供給熱量を最大化した場合の試算として、「食料自給力指標」をお示ししました。食料自給率は、分子と分母がありますので、分母の動きで数字が変わってしまうこと、また、輸入を含めた平素の豊かな食生活を前提としており、食料安全保障を測る指標としては十分ではないのではないかという考え方のもとで、発案されたものです。前回基本計画では、農地を最大活用するということに主眼が置かれ、人・技術については考慮しないとされていました。今後、農業労働力が減少するなかで、どういう形で農業労働力の要素を指標に織り込むかということが今回の課題であり、担当がかなり苦労したところでもありました。

そこで、今回の基本計画に掲載した食料自給力指標は、農業労働力の要素を考慮した労働充足率を織り込んだものに改善するとともに、二〇三〇年度の「食料自給力指標の見通し」を試算しました。現在の供給熱量二三一四キロカロリーに対し、国内生産のみで米・小麦中心の作付けにした場合、農地面積の見通し、生産努力目標における単収の向上を勘案すると一八〇二キロカロリー、加えて、農業労働力の確保を勘案すると一九四二キロカロリーとなります。さらに、いも類中心の作付けにすると、より高いカロリーが得られることになります。

なお、農村政策については仕事、暮らし、活力という三本柱をしっかりやっていこうということです。先ほども申し上げましたが、食と農に関する国民運動については、農業の大切さや生産される方の思いをうまく消費者の方に伝え、わが国の食と環境を支える農業・農村への国民理解を醸成する運動となるよう、地方レベルを含め、現場の良い取組に光が当たるものにすることをイメージしながら、具体的にどういう形でまわしていくかを考えています。

（いわま　ひろし）

〈質　疑〉

——新型コロナウイルスによる感染拡大が今のような状況になり、食料の安定供給がいかに重要かを身に染みて感じています。一月には、野菜は天気が良かったものですからすごく安くて、消費を拡大していこうとしていたと思います。それが、コロナ騒ぎで、インバウンドはたちまちのうちに消え、送別会や卒業式もなくなりました。野菜は、巣ごもり消費によって、業務用から生食用にまわして、当然ながら価格は上がっていくわけで、かつてはすごく安かった野菜の値段が三月、四月にすごく上がってきました。これは、ある意味では構造変化を起こしているのかとも思うのですが、この間の、勝ち組負け組について、どうご覧になっていますか。また、今後、消費のあり方がどういうふうに変わっていく、それに応じて、日本農業、生産現場にはどういうことが求められているのでしょうか。

岩間　今回のコロナウイルスは、予見できない新たなリスクであり、まさに基本計画でいう不測の事態が起こっているのだと思います。外出自粛のため、家から出られないところが、経済活動にきわめて大きな影響を与えています。家から出ない分、どうしても、購入頻度が減っていく。毎日、スーパーに行っていた方が、まとめて買っていくようになり、そこで、保存性の高い食品の需要が高まる。逆に、生鮮の物は、それほど買われなくなり、加工品の方が使いやすいという動きもあったかと思います。もう一つは、子供さんが家にいるということもあって、ホットケーキミックスのように、普段の一定量の需要からいきなり売れる物が出てくる。家でごはんを食べる方が増えたということで、野菜の購入も増えている。それが、構造的な問題と捉えられるのかどうか、分析をこれからやっていこうと議論しています。今一番影響を受けているのは、和牛のように、家庭用というよりは外食などで使われるものだと思います。生産は止められないので、そのための需要を最大限、開拓・確保するというのが、短期的な対策としては不可欠です。外国の技能実習生の方についても、来る予定の方たちが来られないという状況なので、そこは、緊急対応していく必要があります。

一方、これは私の個人的な意見ですが、中長期の構造的な対応と短期の対応とは分けて考えなければいけないと思っています。これから日本の人口が減り、生産する方も減る。一方で、共働きや単身世代が増え、外食・中食の需要が伸びると、食品メーカーや流通業の役割が大きくなってきます。生産する側も、外食・中食の方とどう連携して付加価値を生み出すか、あるいは一定量を安定供給する観点が重要になると思います。コロナの影響も、今は判断が付きませんが、中長期で見るのか、短期で見るのかで対応は変わってくると思います。

それには、農協の役割はもちろん、まとまったロットと安定した供給が求められるとすれば、どういう物が売れるかというのを見極めながら、高品質な物を安定して生産するということが構造的に求められていくと思います。そのためには、長期的に、人口の動向や経済状況の行方を見通しながら対応していくことが必要ではないかと考えております。

――和牛を増頭していくという政策がありますが、カロリーベースの自給率を考えると、どうしても、輸入穀物の飼料が多い和牛生産を増やすと、カロリーベース自給率は下がります。今回のように、輸出が止まると、在庫が増えてしまうという問題もあります。国際的に見ると、肉を食べるのが、ＳＤＧｓ上、アニマルウェルフェアや環境面でも、やめた方がいいという大きな動きがある中で、輸出促進という側面から和牛を増産していくことと、基本計画にも謳われている持続可能性を追究していく姿勢との間に矛盾を感じるのですが、いかがでしょうか。

岩間　基本計画において、需要に応じた生産を考える場合、国内人口の減少・高齢化により需要が変化する点を考慮しなければならない一方、日本の食料が海外から評価されていることから、人口減少による需要減を補う形で輸出を増やし、全体の生産を高めていくということが、大きな方向です。どういう品目を増やすかについては、例えば、海外で和牛の需要が多いこと等を踏まえ、売れる物をつくって、輸出を伸ばしていこうという発想が基本的な考え方としてあります。輸出については、全体として五兆円という目標が設定されているということです。

一方、ＳＤＧｓ、赤身肉の消費などもトレンドとしてありますが、基本的な考え方としては、国内プラス海外の需要を見ながら設定されています。今の段階では、コロナの影響がこれから実際にどういう形で出てくるのか注視しているところです。次の基本計画は、五年後に、さらに一〇年後を見通して策定されると思いますが、これから課題がどのように克服されていくのかを見極めていく必要があると思います。現在進行形で、対策をいろいろ打っているところであります。コロナの状況が予想以上に長く続くのではないかという見方もありますが、海外の需要を取り込んでいく観点からは、和牛の生産は大事だというのが、計画を策定した現在の考え方であります。

――五兆円という大きな輸出目標を立てておられます。国内でも牛肉の消費が落ち込んだし、インバウンドも来ないという関係で、牛肉をはじめ、高価な物の輸出が当面難しいと思います。そうすると、五兆円という目標を含めて、基本計画そのものを見直すという検討は省内でされているのでしょうか。

岩間　率直に申し上げて、基本計画のさらなる見直しについての議論は今のところおこなわれておりません。私自身は、基本計画が閣議決定された三月三一日の翌日からコロナ関係に携わってきており、輸入の安定や輸出規制への対応に注力しているという状況であります。

――基本計画を立てすぐに、こういう事態になったわけで、これから、第二波、第三波、また労働力の問題。海外から外国人労働者が安定的に来てくれるのかとか、加えて言えば、インバウンドはこれまで日本の消費を相当支えてくれました。特に価格の高いものについては、需要を支えてくれたインバウンドが、落ち込むのではないかと見られているなかで、当面はその政策で良いと思うんですが、第二波、第三波が今後来るときに、これだけでもつのでしょうか。

岩間　国産農産物の販売促進については、生産を止めることができないなかで、需要をできるだけ確保しようということでやっております。その上で、需要が実際どうなっていくか、本当に第二波、第三波があるのか、先が見えないところがありますので、状況を見ながら対応していくことが必要だと考えております。その上で、基本計画で見通している一〇年後の姿に本当に影響するのかというところも考えていく必要があると思います。特に、家庭食に回帰することによって、食の大事さと国産の食というものに光が当たる機会が出てきています。また、子ども食堂も含めて、例えばご高齢の方の家庭食で、その栄養のバランスや食べ方などについて、食育でどう貢献していけるのか。子ども食堂などへの安定供給をどうしていくのか。こうしたことも、コロナによって出てきた新たな課題と考えております。

　生産する方の高齢化が進み、従事者の平均年齢が六七歳くらいですので、基本計画にも書きましたが、今後一〇年くらいが生産基盤の強化の勝負どころではないかと考えております。これは私の考えですが、生産基盤に相当する国産農産物の需要基盤というものを、今この夕イミングで作っていかないと、国産の生産基盤を国内で下支えすることが難しくなるのではないか、こういう懸念を持っております。今回、基本計画で新たな国民運動が位置づけられましたが、コロナを踏まえて、より具体的な形を打ち出していきたいと、私自身は考えております。

―― 巣ごもり消費になると、国産品を使いたいという動きが出てくるということを言われましたが、コロナの影響で自給率はどうなるのですか。

岩間　自給率は、例年、八月に公表しております。直近の自給率は、二〇一八年度のカロリーベースで三七％と公表しました。北海道の麦・大豆が天候不順により非常に厳しかったということで、単収も非常に下がりました。私自身としては、三七％が三八％になることを期待しているというのが現状です。数字については、これから集計する作業になりますので、まだ予断はできません。自給率は上げていくべきでありますし、食料国産率についてももう少しわかりやすく世の中に出していきながら、飼料自給も大切だということも訴えていければと考えております。

―― マスクも含めて国産の物をつくっていくという雰囲気がありましたので、農水省としては、生産者と消費者をつなぐという意味では、風は吹いているということですか。

岩間　追い風だとは思っていますが、風はいつか止んでしまうので、これをきっかけに、生産者と消費者の持続的な関係性をいかにつくっていくかが大事だと考えております。価格だけ見ればどうしても輸入品の方が安いことが多いのですが、輸入品と国産品との価格の間に何があるのか、言い換えれば国内で生産することにどんな意義があるのかという部分を可視化し、発信する努力がまだまだ足りないのかもしれません。今、フードアクションニッポンという、食料自給率の向上運動をやってきていますが、食料自給率だけでは、あまり自分事に感じないという声も多く伺います。コロナ禍で大変な中ではありますが、それがきっかけになって生産者のことを考える「応援消費」という行動が生まれました。買う人・食べる人が、生産の現場や作る人のことを思い、逆に、作る人が、使われる現場や食べる人のことを思う、そういう様々な関係性を盛り上げていければという思いで、基本計画の食と農の国民運動の部分を書かせていただきました。

企画部会では、ＪＡ全中の中家会長から、生産者と消費者を繋ぎたいという熱い思いをいただきましたし、他の委員の方からは、生産基盤の強化といっても、実際に消費が伴わなければ食料自給率の向上にならないので、官民が連携してあらゆる点から進めてほしいというお話がありました。基本計画としてしっかり進めていきたいと考えております。

（二〇二〇・六・一九）

■現在、岩間浩氏は農水省水産技術会議事務局研究調整課長に異動しました。

生産現場への影響と農業の行方を聞く

コロナ下で何が起こっているか

野菜くらぶ 社長
澤浦 彰治

イオンアグリ創造 社長
福永 庸明

ＰＡＮ ＨＵＬＩＣ ＪＳＣ（ベトナム）代表
佐藤 和彦

司会進行 本会
合瀬 宏毅

本研究会は「オンライン会議」システム「ＺＯＯＭ」を使い、群馬、千葉、東京、ベトナムを「リモート」でつなぎ、当会幹事の司会進行でおこなわれました

司会進行　出席者の皆さんから、最初に現状報告いただきます。そして、その後に質問をさせていただきます。それでは最初に澤浦さんからお願いいたします。

◆

澤浦　皆さん今日は。野菜くらぶ、グリーンリーフの澤浦と申します。まず、簡単に弊社の紹介をさせていただきたいと思います。グリーンリーフと野菜くらぶを中心に、グループに五社あり、農業生産を中心に、野菜の加工、肉の加工、惣菜キットを製造・販売しております。青森、群馬、静岡に中心的な農場があって、そのほかに最近では、福島、長野、京都、岡山、島根の仲間が農場を経営しています。

私どもでは、新規就農者を育てており、これまで一三名が独立をしていて、その人たちが、各産地で野菜くらぶのやり方を展開してくれて、その人たちを中心に地域の人たちがまとまり始めています。売上はグループ全体で約四〇億円です。グリーンリーフ、野菜くらぶ、四季菜、サングレイス、ビオエナジーという会社がそれぞれの役割をもって農業をしております。ひとつの会社ですべてをおこなわずに、分社化しているのは、外部資本の関係もあって、一つの会社ではなかなかやりきれないため、分社化して、目的をもった会社がその目的を達成するために分社化しております。私たちの所で研修をして育って行った人たちのなか、一番売り上げが多いのが、一億八〇〇〇万円ほどです。一人だけ、残念ながら廃業した人がいますが、それ以外は現役でやっております。

なお、働いていただいている方は、グループ五社合わせて二〇八名です。

コロナ下で地域に外国人実習生が来られなくなりました。昭和村では、通常、四〇〇人を超える外国人実習生がいるのですが、今年は八〇人の中国からの入国ができなかったということです。嬬恋（群馬県）など他の高原産地でも、同じようなことが起きています。だから人出不足になっているかというと、そうではなくて、国内の失業者やサービス業からの人材がその空いた穴を補填していますので、生産意欲あるいは生産量は相変わらず高く、減産という状況ではないとみています。うちの会社では実習生を周年雇用していますので、ちょうど入国禁止になる前に、今年の人たちが入ってきて、さらにこの秋にも入ってくる予定なので、影響はほぼありませんでした。

販売面で言うと、外食・ホテル向け野菜の注文が止まりました。自粛などのため、外食関係の人手は少なくなり、お客さんも少なくなり、そこからの受注は減りました。ただ群馬県は、解除の後、県内の人が県内のホテルに泊まった場合、最大五〇〇〇円の補助を三〇万人分出しましたので、その影響もあって、県内のホテルはほぼ通常に戻っております。外食も戻りつつあるのではないかと思っております。観光農園には人が来なくなりました。地元では、イチゴ狩り農園があり、ちょうどサクランボが始まったところですが、そういった観光農園はお客さんが止まりました。ただし、個人顧客を相手にしている観光農園はお客さんが比較的来ていて、イチゴもそこそこ売れたという話を聞いています。ただ、観光バスが相手の観光農園はかなり厳しい状態のように見えます。

一方、生協などの宅配関係やスーパーマーケットからの受注は増加しました。外食関係が減って、巣ごもり消費と言われていますが、宅配の生協、らでぃっしゅぼーや、オイシックスなどはかなり受注が増えました。ただし、品物によって違うようで、いちがいに全部が伸びたという状況ではないようです。スーパーも増えていました。緊急事態宣言が解除されてから、何人かのスーパーの経営者の方に聞いたら、平時に戻ったのではないかというお話をされていました。宅配関係も落ち着いてきてはいますが、まだまだ受注は昨年に比べると多いと思っております。

定期的に正しい情報を出す

社員や自分が感染したときのことを考えると、雇用への不安があります。コロナの報道や外出規制があったころ、群馬県でも感染者が出とき、社内にも不安が走りました。正確に理解していない人が、農場で感染者が出たら出荷停止にすべきだと言っていました。そういう根拠のない話が出ても、それを間違いだときちんと社員に伝えていくことがとても重要でした。うちの場合、一週間から一〇日に一回、私が直接集めた情報から、「今こういう状態です、けれども安心してください」と説明していました。仮に感染しても、その時の情報では、死ぬことはないし、心配しなくても大丈夫、感染した場合でも、解雇とか、そういうことをするつもりは一切ないので、安心して、もし体調が不安なときには休んでくださいというメッセージを、一週間から一〇日おきくらいに出しました。その甲斐もあって、皆、落ち着いて仕事をやってくれたと思っております。

今でもそうですが、病気自体への不安よりも、感染者が出るとメディアで流れますから、そういった風評への不安の方が、社員も会社も大きいのではないかと感じています。

業績を見ると、バランスよくいろいろなところに販売をしていたこと、青森、静岡、群馬など本州を中心に生産地を広くもっていたということ、野菜も四〇種類扱っていたということ、そして生鮮野菜だけでなく有機こんにゃくや漬物、冷凍野菜、惣菜キットのような加工品も生産していた、つまり農業を中核とした多角化をしていたということから、今回は良い状況が続いております。

振り返ってみると、震災の時はこの真逆でした。震災のときは、有機と添加物を使わないというコンセプトだけで突っ走っていましたので、非常に痛い目を見ました。それから、コンセプトをいくつかに分けて構築してきたことが、今非常に効奏していると思っております。

❖

司会進行　昭和村だけで、八〇人くらいの外国人実習生が来られなくなり、その対策として、失業者、サービス業からの人材を補填している。よくテレビなどで聞くホテルなどの従業員ですか。

澤浦　そうですね。ほかにも、バスのドライバーの方もいらっしゃいます。そういった観光サービス業の方たちもいます。

司会進行　作業に慣れていない人たちが急に現場に入って生産性の低下はなかったんですか。

澤浦　うちの場合、そういった方たちに入っていただいたのは食品加工です。すぐできる単純な作業がうちの職場の中にはたくさんありますから、いつもそうした仕事をやっている人たちには高度な仕事に移ってもらって、新しく入ってきた人には単純な仕事をやってもらって慣れてもらう。そういうかたちで、仕事をやってもらいました。ただし、実際の農作業はたぶん無理だと思います。

司会進行　外国人労働者の方に、かなり農作業を担ってもらっているところもあると思いますが、そのあたりは、今後どうするのですか。

澤浦　今までは、外国人実習生が入って来られなくても、日本人で失業された方などがフォローしてくれましたが、今は、少し戻りつつあると思っています。地元にはスバルの工場があり、一時、派遣の仕事がありませんでしたが、工場が再開して、また戻ったという話も聞いています。

むしろ心配になるのは、三年あるいは五年が過ぎて帰ってからです。そのとき、次が入って来なかったら困ります。現在、国として受け入れられるようになったのは、タイとベトナムだけです。中国、インドネシア、フィリピンは感染者がまだまだ多いし、そもそも感染者の規模がわからない状況ですので、渡航は制限されるでしょう。そうなると秋から来年にかけて、農作業をする人がいなくなる可能性があると思っています。

司会進行　今後の消費動向についてはどう見ていますか。

澤浦　今後の消費動向を考える場合、いろいろなキーワードがあると思います。新しい生活スタイルというのがどのようなものなのか、特に示されてはいません。ソーシャルディスタンス、ステイホームなど、かっこいい言葉が並んでいますが、要するに、家庭とか家族とか、そういうことの見直しなのかなと思います。今回、家庭菜園用の苗がたくさん売れた、日曜大工製品がたくさん売れた、という話もありますので、そういう時間の使い方、楽しみ方が定着してくるのではないかと思います。外出や人との接触の機会が戻るには、一年から二年の時間がかかると言います。これだけ、テレビなどで、感染者が何人出た、第二波だとか、どこどこで集団感染が出たと毎日やっていると、人との距離を自然にとるようになる。そうすると、フェイス・ツウ・フェイスでものをつくっていくことがなかなかできない。これは、新商品開発や新たな価値をつくるという意味では、みんなで寄って一緒にものをつくりあげていくということができなくなる期間が出てくると思っています。新商品の開発にも影響するでしょう。

一方で、今までになかったような、まったく新しい流通チャネルの成長もあります。経営者仲間で、全国の新聞販売業にサービスを提供している会社の方が、新聞の売上部数がどんどん減って、販売店の経営をなんとか変えていかなければいけないという話をしていました。このコロナがそのスピードを速めていると思っています。新聞の販売店がつくり上げる新たな流通チャネルは、すごく大きなものになるのではないかと話しています。また、働き方の変化は、田舎の良さの再発見を産みます。今、私がやっているように、会社の事務所に居ながら、ベトナムの佐藤さんと、千葉にいる福永さん、そして東京の合瀬さんと顔を合わせています。今までは考えられなかったことです。

私はこの頃、出張はほとんどなくて、それでも仕事は回っていました。うちの社員も、営業の人は会社に来なくても自宅でできることは自宅でやっていいということで、それでもできてしまう。東京でなくても、働ける場所は田舎でもどこでもいい。ソーシャルディスタンスを考えると、東京より田舎の方が空間がありますから、そういう意味でも、田舎の良さが再発見されるのではないかと思っております。新しい家族観、家庭観、手づくり、家庭菜園、繋がりというものが見直されてきて、そこに対する消費というのが生れてくると思います。

農産物の価格はこの秋ごろから高くなるか、安くなるか。私は、高くなると思っています。その理由の一つは、外国人実習生の入国が相変わらずできなくなって、三年を過ぎた実習生が帰り始めることから、労働者がいなくなってくる。そのため作付けが減る、あるいはそうではなくても、外食などから農業に来ていた人たちが戻り始めて、種は播いたが収穫はどうしようということになる。秋頃から、そういう人出不足の所で、野菜の価格が高くなる可能性があります。この三月、ちょうどコロナが大変になる直前にアメリカに行ってきたのですが、コロナになって、ロシアが国内を優先して輸出は止めるという話をしたら、アフリカのＮＧＯが輸出国は責任をもって輸出し続けなさいという申し合わせをしたという話をしました。そうしたら、アメリカの友人は、表向きはそうかもしれないが、自国が賄えないのに輸出をすることはありえない、ということでした。アメリカでも、メキシカンが入って来られないということもあって、野菜の作付が減っているという状況です。そういう状況の下で、秋以降、価格は高くなる可能性があると思われます。もっとも、安くなる可能性もあります。それは、一つは、外国人実習生の延長が認められた場合です。そうすると、今のままの労働力でいけますから、生産意欲をそのまま維持できます。天候がよければ価格が下がる可能性もあります。需要が落ち込んでいて、生産はいつも通りということになると、安いままでいく可能性もあります。いずれにしても、人の問題が一番大きい。そのように、今後の消費動向はいろいろな方向にいく可能性があるので、どちらに行ってもいいように、仮説を立てて準備をしておくことが重要だと思っております。

司会進行　澤浦さんありがとうございました。次に福永さんお願いします。

イオンアグリ創造 社長
福永　庸明

福永　現在、イオンアグリ創造の農場は、北海道から大分まで、二〇か所あります。それとは別に、パートナーの生産者の方々も含めて、直営の事業とパートナーへの生産委託という、二つの事業をおこなっています。全国で三五〇《ヘクタール》くらいをお借りして、その農地を二回転させる形で、従業員は六〇〇名くらい。その男女比は六対四、平均年齢は三三歳です。失敗もありますが、若い人たちで農場を運営しています。オーガニックの取り組みを、自社の四つの農場で始め、パートナーの生産者の方々と一緒にオーガニックを拡げていこうとしています。イオングループとしても、イオン・オーガニック・アライアンスという会員組織を立ち上げて、全国の有機の生産者の方たちとともに繋がろう、有機の輪を広げていこうという取り組みを今、やっております。

そうした中でコロナが起こりました。私たちは、小売が中心で成り立っているグループです。五月二八日に、全国のモールも含めて、再オープンをしました。今年の一月二三日に武漢がクローズになって、中国の武漢にも店舗がありますので、今まで経験したことのないような状況で、中国グループの代表をはじめ従業員の方々が対応していきました。中国での対応を、日本にも教訓としてもってきて、日本のスーパーマーケットでも対応していこうとしてきたところです。そうして、何とか凌いできたと思います。

国内では、お客様がパニックになって、例えば、かつてトイレットペーパーが無いということがありました。実際には物があるのに、無いという情報だけが出てしまい、われわれグループとしては、売り場にトイレットペーパーをドーンと積んで、トイレットペーパーはありますよということをお客様に訴えかけて、パニックにならないような状況をつくっていこうと対応をしてきました。経験しなかったようなことが起こると、いろんなことがパニックとして発生してしまうので、食べものや生活必需品を扱っているので、お客さんにどう伝えていけるのかということを中心に考えながらやってきました。

食品の小売りの状況は、先ほど、澤浦社長も言及されましたが、スーパーマーケットの食品は順調に伸びていますが、衣料はそれほど良くありません。農産物は、私たちは小売中心でやっていますので、幸いにも、外食向けに販売されている方のような状況ではありませんでした。外食に販売されている方からいろいろな話を聞いて、われわれができることをスーパーマーケットの売り場の方でいろんな対応して販売をしてきました。作っている側としては何が問題になるんだろうと考えると、小売や外食は、お客さんとの対面なのでいろんなコロナ対応をします。

では、農業の現場ではどうなのか、何もしなくてもいいのか。うちの社員たちともいろいろ話をして、たとえば生食で食べるような物を作っている農場に関しては、マスクは絶対着用しないといけない、お客様のことを考慮して、やはりマスクをして作業をする。気温も上がってくるので、マスクは暑くて大変なので、フェイスシールドにしましょうと、そういう対応をやってきています。意外とそれが働く従業員には負荷になります。マスクをしていると、熱中症に気付かないという報道もありますが、実際に農業現場でどういう対応をするのがほんとうにいいのかを模索しています。なかなか名案がでないので、今も、フェイスシールドやマスクをして農産物を取り扱っています。

そういうなかで、マスクの品切れや消毒用アルコールの在庫が少なくなったり、手袋も無くなるのではないか、そういうようなことがいろいろあって、物を確保するということも結構しんどかった。

そういう状況が、今はだいぶ落ち着いてきたのかもしれませんが、われわれとしては、グループの基本理念をベースとしてやらなきゃいけないことは何かをしっかり考えなければいけない。コロナの状況を人間の力で平和を維持し、混乱をきたさない。それが、最終的には地域を守ることになる、ということを考えました。例えば、スーパーマーケットの小売では、お客様にお願いすることももちろんあります。マスクをして来てくださいとか、集中的に店舗に入ることあれば入場制限をします。ただし、それはあくまでもわれわれのグループの基本理念をしっかりとベースにしたうえで、われわれができることとお客様にお願いしなきゃいけないこと、それが、最終的に地域を守ることになるんだということを考えて、現在、取り組みをしているところです。

今後の消費動向としては、売れるものが変わりました。その傾向は、今の状況からいくと、今後も続くと思われます。何が売れているかというと、日持ちがする物です。コロナ禍の下、スーパーマーケットにあまり頻繁に買い物には行きたくない。キープディスタンスを確保する、密集を避ける行動の前提から、店舗ではまとめ買いをするので、一人当たりの買い上げ客単価は上がっています。客数はそう増えてはいないのですが、一人当たりの買う量が増えています。パスタ、カップ麺、冷凍食品といった日持ちする物が売れています。今のコロナの状況では、そういう傾向は当面続くと思います。なかなか買い物に行けないということから、インターネットやEコマースによる販売もどんどん需要が伸びていっています。そういうところをしっかり押さえていかなければならないとは思います。今までもデジタル化に取り組んできましたが、それが飛躍すると思います。そのように、買い物行動自体が大きく変わってきているような気がします。

　私たちがつくっている野菜などの生鮮食品は日持ちがしませんが、その中で売れているものが土ものでした。ジャガイモ、タマネギ、ニンジンなどが、野菜の中では売上が伸びました。一方、葉物類などは少ししか伸びていません。内食が増えているものの、土ものに比べてその伸び率が全然違っています。今後の商品化については、こういうことを踏まえて、よく吟味していかないといけないと思っています。パスタや小麦粉のように、お客様が急に殺到して棚から商品がなくなるということが起こりましたが、そういうことが無いように、情報をしっかりと正確に伝えていくことがすごく重要ではないかと思います。危険だ、怖いということだけが先行してしまうと、人はなかなか平常心にはなれません。そこで、購買行動が大きく左右され、一部の商品が品薄かとパニックになってしまうということにつながりかねません。

　コロナを正確に恐れるということをやっていかなければいけないと思っております。

司会進行　御社には従業員の方がたくさんいらっしゃいますが、コロナに感染してしまうこともあると思います。そうすると、風評被害の危惧もあると思います。数百人いる従業員への感染予防対策はどのようにしているのでしょうか。

福永　その時々の状況を逐一知らせて、グループ各社統一して、どういう対応をするべきかということを実施しています。店舗と、われわれ農業とでは少し違うところもありますが、基本的には、仲間を守る、自分の命を守るということが大前提です。密集する所には行かないようにしましょうと、再三言い続けました。個人の行動についてＧＰＳ等でデータを取るわけにはいきません。心に訴えることでしか、人を動かすことはできないということを、今回、すごく感じました。

一体私たちは何を守らなければいけないのかを考えたとき、それはやはり、ともに働く仲間のはずです。自分は罹ってもいいということではなくて、自分が罹ると周りの全員が感染する恐れがあるということを言い続けました。

司会進行　一方で、経済が回らなくなるということもあって、どこまで引き締めて、どこまで緩めるのかということもあると思います。しかし、食の生産現場として、コロナの感染者が出たということになると、相当厳しいでしょう。

福永　農業の現場では在宅勤務などはできませんが、本社は在宅にして、極力本社に来ることをなくしています。本社に来るとなると、バスや電車という交通手段を使うことになるので、通勤をなくす対応や、車での通勤を一時的に認めるというようなかたちで、会社として、物理的に人に接触しない状況をどうつくるかということもやってきました。

しかし、農場の現場はなかなかそうはいきません。農場へは公共交通機関を使って行きませんので、農場の現場ではどちらかといえば、それほど密集にはなりません。朝礼のとき、ある程度のディスタンスをとるなどの形でやってきました。

司会　福永さんありがとうございました。次はベトナムの佐藤さんに繋ぎます。

PAN HULIC JSC（ベトナム）代表
佐藤　和彦

佐藤　みなさん、こんにちは。ＰＡＮ ＨＵＬＩＣの代表をしています、佐藤和彦と申します。まず、自己紹介をさせていただきます。

私は今、ベトナムにいますが、もともとは、日本の大崎農園から出向でベトナムに赴任しています。大崎農園は、一九九七年、東海大学海洋学部時代の同級生三人で設立しました。皆、卒業後一回サラリーマンを経験して、それからたまたま、今の代表をしている山下が、鹿児島出身で、彼のもとで農業を始めようということで、脱サラして農業を始めました。現在、主に大根を作っており、延べ八〇ヘクタルぐらいで生産しています。同級生三人でやってきましたが、農業である程度安定期を迎えたとき、これからのビジョンとして、大崎農園はどこに進むのかを議論しました。そこで、世界の農業を見てみようと、元イオンあぐり創造の社長である藤井さんとの縁もあって、海外に視察に行く機会をいただきました。アメリカやヨーロッパを見ていく中で、アジアの農業もいろいろ見る機会がありました。

そうして私たちは、アジアの中で農業をすることに興味を持ち、その可能性をすごく感じました。マレーシアやインドネシアなどで、農業指導の業務をしているなかで、アジアの中でも非常に稀有な農業地域があることを知りました。それが、マレーシアのキャメロンハイランドやベトナムのダラットという所でした。

今私がいるのはこのダラットです。ここで農業をしています。なぜ稀有な場所か。赤道付近には熱帯雨林が多いのですが、標高の高い所は、一年中気温が安定していて、いわゆる四季がないといわれています。そういう、一年中安定している気温の所で物づくりをしてみたいという思いがありました。

そうして、二〇一七年、サラダボウルの田中社長から共同事業の話がありました。私たちは年齢が一緒で、日本でいろいろと田中さんとも話す機会があり、アジアでやるなら一緒にやりませんかということで、お誘いをいただいて、ここでレタス栽培を始めました。

ＰＡＮ ＨＭＬＩＣは、ベトナムのダラットに農場が三つあります。レタスとイチゴを栽培している農場と切り花用のキクを栽培している農場、そしてヤングプラント、苗を作っている農場です。販売のチャネルとしては、レタスやイチゴは国内販売で、今後アセアン諸国や日本への輸出も視野に入れています。キクの主なターゲットは日本です。

私たちはまだ若い会社ですので、技術の伝達に時間がかかっており、日本基準の品質に届いていませんので、今はベトナム国内や韓国での販売をメインにしています。私はもともと野菜農家なので、あまり花に関することは知らなかったのですが、実は日本の切り花生産者向けに多くの苗が海外から輸入されています。ベトナムでは、日本の生産者向けに苗をつくっています。また、いろいろ技術協力もいただいている、千葉県印西市のハルディンは日本でもいち早く、ポットプランツなどの育苗農場を海外に造り、その苗を日本でポットプランツにして、ホームセンターなどで販売してきました。

ＰＡＮＨＵＬＩＣ（パン・ヒューリック）という会社の名前は、ベトナム側のＰＡＮグループと日本のヒューリックという会社が出資していることから名付けられました。ヒューリックは不動産業界で四番手の大きな会社で、そのグループであるヒューリック・アグリという会社が出資しています。日本の大崎農園とハルディン、ヒューリックは技術面や日本への販売を担い、ベトナム国内の販売や国内事務などＰＡＮグループが担っております。

そして、それぞれの得意分野を合わせて新しい価値、新しい農業のビジネスモデルを創りたいと考えています。

ダラットが稀有な理由は年間を通じて平均気温があまり変わらないところです。そして品目ごとに適している温度帯を栽培地の標高を変えることで調整することができます。キクを生産するには標高八五〇《メートル》ぐらいから一〇〇〇《メートル》、イチゴやレタスは標高一四五〇《メートル》程度、育苗施設は標高一〇〇〇《メートル》くらいが適当であり、このように作る作物に応じて場所（標高）を変えて栽培をしています。

菊の主な日本のお客様は日比谷花壇様です。レタスの主なお客さんは、ホーチミン市周辺にあるイオン・ベトナムの三つの大型モールとイオン・シティマート様です。イオン・シティマートは日本のマックスバリュのような業態で、地域密着型の小中規模のスーパーマーケットを展開しています。また、ジャパン・ベストフーズという会社へは、ベトナムのコンビニエンスストア向けに作るサンドイッチやカップサラダ用のレタスを供給しています。苗については、ハルディンによってポットプランツになり日本全国のホームセンター等に販売されております。

❖

司会進行　そうしたビジネスを展開していく中で、コロナ発生後、ベトナムは日本より早くから厳しい移動制限をおこないましたが、ビジネスへの影響はありましたか。

佐藤　ここ半年くらいの状況について、お話ししたいと思います。ベトナムでは、日本とそれほど変わらない時期にコロナの感染者が出ていました。都市のロックダウンを早期に全国規模でおこなったのが四月一日でした。結果的には、一か月で終わりましたが、その間、ほとんどのお店は休業しなければいけませんでした。一部の生活必需品のお店だけはかろうじてやっているという状況が一か月間続きました。それが可能な国であったからできたのですが、有無を言わさず全てのお店を閉めろということで、移動もするなということでした。ニュースには、不要不急の外出をしている人を捕まえているところがよく出ていました。することがないから、近所の川に釣りに行った人が警察に捕まったというニュースもありました。それくらい厳しい措置の中でも、ベトナム人はあまり文句を言わずに、しょうがないと、一か月間我慢をしました。ロックダウンが解除された後は、通常の生活に戻っています。

弊社のメインビジネスは切り花ですが、主な販路は日本への輸出です。ちょうど、コロナの影響が出始めたのが三月です。その頃はとても大事な需要期であり、業界で言う「物日」にあたります。ご存知の通り卒業式、歓送迎会、謝恩会などの行事がすべてキャンセルとなり、花の需要が一気に下がりました。当然、オーダーも減り、単価も下がり、最終的には輸出できなくなりました。ベトナムから日本への切り花の輸出量は多いのですが、他の会社も同様に輸出ができなくなり、国内の花市場が一気に供給過多になりました。当然のことながら大幅な値崩れが起こり、弊社は非常に厳しい経営状況が長期にわたり続きました。その時の対策としては、とにかく栽培面積を減らし、人件費をを含む固定費をぎりぎりまで削減することで、何とか会社を存続させることができた状況でした。

全体の売上の中でレタスやイチゴは、それほど大きい割合を占めてはいませんでしたので売上低下のインパクト自体は大きくはありませんでした。日本と同様にスーパーマーケットの売上げは巣ごもり需要のために上昇し、レタスとイチゴは堅調に売れていました。

❖

司会進行　新型コロナで今後人々の行動様式がどういうふうになるか、研究会参加の皆さんに質問したいと思います。「秋ぐらいまでに元に戻る」、「元に戻るまで一～二年」かかる、ワクチンができれば元に戻る、元に戻ることはないという回答に投票をお願いします。

回答を見ると、ワクチンができると元に戻ると感じている人が多いようです。秋ぐらいに元に戻ると考える人は一人もいませんね。三五名の方に投票していただきましたが、ワクチンができれば元に戻るというのが四六%ぐらいで、元に戻るまで一～二年かかる、たとえワクチンができても元に戻ることはないが三一%ぐらい。皆さん、ワクチンができれば元に戻りはするけれども、一方で、元に戻ることはないと考える方もけっこういるようです。

実は、もう一つ質問を用意しています。マスク不足などで国内生産の必要性が指摘されましたが、農産物についても国産志向が強まるのではないかという人たちがいます。これをどう考えるか、投票を求めます。「生鮮食品では国産志向が強まる」、「加工原料などでも国産志向が広がる」、逆に、「人出不足で輸入が増える」、「今までと変わらない」、という選択肢を用意しました。

やはり、国産志向が広がると考える人が結構多いですね。人出不足で逆に輸入が増えるというのは三六人のうち五人でした。人出不足をこれからどう考えるかということも非常に重要な課題になってくると思います。講師の皆さん、投票結果への感想を聞かせてください。

澤浦 想定した通りだと思います。もっとも、元に戻らないというのは、私としては前向きに捉えています。むしろ、良くなっていくと感じています。今は混乱していますが、逆に、生産性が上がったり、暮らし方もさらに良く変わっていくきっかけになると思います。

福永 まさに、人出不足をどうするかです。私たちのグループには外食もあって、そこの従業員がお店を閉めている間、うちの農業に来ていました。そうしたら、グループ内の労働組合から、次のような相談がありました。それは、農業の現場のひどい就労環境のことでした。私どもは、きちんとした就業規則をもって、それに則って働いてもらっていますが、彼らから見るとそうした職場ではなかったようです。

そう考えると、農業の現場を知ってもらえるチャンスだったかもしれません。農業もちゃんとした働き方ができる業界なんだということがわかってもらえたら、人が来てもらえるという状況になっていたかもしれません。しかし、その時はかなりひどい働き方をさせてしまっていて、やはり農業の業界っておかしいと思われ、とても残念です。農業で働きたいという若い人が増えれば人手不足にはなりません。今回のように、異業種の方が働きに来られたときにちゃんとした対応ができればもっとよかった。この先の農業がもっと発展するいい転機になったのではないかと思っています。

澤浦　そういった部分はあると思います。私は、人手不足を一括りにしてしまうと解決できないと思っています。よく、担い手不足と言われますが、経営では、どういう人材が欲しいのか、どこが足りていないのかがすごく大事です。経営なのか、管理なのか、技術なのか、労働なのか。簡単にいうと、人材はこの四つです。経営者が不足しているのか、管理者が不足しているのか、技術を持った人が不足しているのか、労働なのかと整理していくと、意外に経営や管理、技術の部分は能力を持っている人が多い。たとえば佐藤さんたちは、まったく農業を知らなくても数字に基づいて様々な技術を構築してきました。

今不足しているのは労働の部分だと思います。この労働部分を日本人が耐えられるかと言うと、私はそうではないと思います。現場の労働だけで、子どもを育てて、家庭を持って、普通のサラリーマン並みの所得を得ていくのは、かなり厳しいと思います。もっとも今は、機械化が進んでいるので、労働者から技術者になっていく段階になってくると事情は変わってきます。

司会進行　農業現場では、どうしても外国人労働者の力を借りなければ今の生産力は維持できないと言われます。ベトナムから、今は実習生が来られない状況ですが、これから日本へやって来る実習生は一定程度いるのでしょうか。送り出す側からはどうでしょうか。

佐藤　日本の農業は、実習生ありきで成り立っているというのが実状です。その中で、以前の中国、フィリピンから今はベトナムからの実習生がとても多くなっていると思います。ベトナムに住んでいて感じるのは、アジアの中でもひと際多く日本や日本人をリスペクトしている人が多いように思います。そして日本に行きたいという思いが非常に強いようです。もちろん給与水準はとても魅力です。大学卒でさらにベトナムの大都市部での初任給でも月収四万〜五万円くらいです。日本に来れば、高学歴も必要も無くそれ以上の給与が得られるので、あと数年は日本に行きたいという需要もマーケットも十分にあると思っています。

司会進行　これから生産現場はどう変わりますか。

澤浦　まず、生産の国内回帰が出てくると思います。それが進めば、生産現場の国際的な最適化が起こると思っています。この野菜はこの時期にはどこで生産するのが日本の人たちにとって安心・安全、そして安定的に届けられるか。日本国内が最適であれば国内生産に戻ってくるでしょうし、海外の方が最適であれば海外になると思います。今回のコロナのような感染症や、労働力、物流など様々なリスクが加わり、最適化の地図が変わりました。それを見据えた生産体制の確立が、農業の現場ではとても重要だと思っています。

そのための一つが、人の安定的な雇用と働ける体制・組織づくりです。福永さんが言っていましたが、日本の人も海外の人も働き続けたいと思える仕組みづくりがとても重要です。私は今、コロナのために出張がまったくなくなったため、会社内の組織体制や評価制度、賃金規定などを検討していて、社員に説明しているところです。

ＳＮＳが普及して、外国人実習生が行きたい農場を選べるようになりました。幸い、私どもは人気があるようで、私たちの面接にはたくさん集まってくれますが、そうでないところは、採用しても断られてしまうことがあるようです。以前はそういうことはありませんでしたが、最近はそれが顕著になってきたようです。

顧客との強固な関係と顧客への体験教育に基づく価値づくりも重要になります。ソーシャルディスタンスが言われてはいるものの、逆に、お客さんとの関係性を深めて、末端まで見据えた商品開発や農業現場の教育が今後の大きな価値になってくるのではないかと思っています。そして、顧客や世の中の負の面を解決するような商品・サービス開発が求められます。これは、常に会社でも言っていることで、不便なこと、不満なことは宝なので、そういったことをどうしたら自分たちの商品やサービスで解決していけるかを考えようと言っています。

機械化、システム化そしてＩＴ化による生産性向上も必要です。すでに進んでいて、ダイコンの生産においても、かなりの機械化が進んでいて、そのための投資ができるようになっています。農場ごとに、生産性向上が図れるツールに投資をして開発し、それによって、一人ひとりについて数値でさまざまなことが見られるようになるでしょう。

生産性の高い農地の造成も必要です。日本が海外と比べて大きく違うのは、農地の生産性が低いということです。まず、形が悪い、規格が揃っていない。地主目線ではなく、使う人目線での農地造成をしていくことで、国内農業の活性化が図られると思います。

世の中の経営資源を生かす、企業家同士のアライアンスが重要になるでしょう。投資をしていくだけではなくて、他企業の持っている経営資源やハードやソフトと自分たちが持っているものとアライアンスを組んで、商品を作り出していくことがとても重要だと思っています。自社で何でもやろうというのは、いかがなものか。

そして、コアコンピタンスを中核とした多角化経営へ向かうことが必要です。私自身、以前は有機・無添加に取り組んでいましたが、それが震災で崩れ去り、会社が危機的な状況になりました。経営コンサルタントの方は、コアコンピタンス、要するに一点集中で、自分たちの一番得意なことに経営資源を集中して、ほかはやめなさいという指導をしていたと思いますが、私にはそれに違和感があります。富士山のような単独峰の頂上は誰が見てもわかりますが、連峰はどこが頂上だかよくわからないことがあります。いくつも峰をもっているような多角化経営がこれからはとても重要になると思っています。

これらの変化が、コロナの影響で、そのスピードが非常に早くなったと感じております。

司会進行　働く現場の改革をどうするかが大事だと思いますが、それには労働をどれだけ機械化するかというのがひとつの大きな課題になってくると思います。大日本農会の野菜用農機の普及状況によると、耕うんに関してはどの野菜でもできているようですが、一番できていないのが収穫・調製の部分です。今後、スマート農業や機械化は労働力不足を解消する手段となるのでしょうか。

福永　スマート農業は、労働力不足解消の要因にはなり得るとは思います。ただし、普及にあたって、価格帯の問題はあると思います。労働力に見合うだけの価格であれば普及するはずなので、そういった面では普及すると思います。そうでないと、海外から労働力が来なくなるということがあり得るので、機械化を進めていくことは絶対考えなくてはならないことです。機械化技術をどう向上させていくかが必要です。キャベツやハクサイの収穫機を使うと、カットキャベツになってしまう。ただし、技術はどんどん発展していくのは間違いないと思います。

司会進行　機械化はずいぶん前からいろいろ言われてきて、もっと進んできていてもいいのではないかと思いますが、どうして、なかなか進まなかったのでしょうか。

澤浦　機械化自体はかなり進んでいると思います。うちでは、大根の作業はすべて機械でできてしまいますし、キャベツも収穫までできてしまいます。重要なのは、その機械を導入するだけの畑の形と規模の問題です。その二つが揃わないので、機械を導入して償却するだけの量が賄えなくて、結果的に人手でやらなければならなくなっているというのが現状だと思います。
もう一つは、機械化と商品開発は対だと思っています。例えば、ホウレンソウでは、今のように束ねて出荷するということではなくて、根を取らずに袋詰めで出荷するようにすれば、人手は不要になります。そういったものを商品として世の中に提案しながら、お客さんに受け入れられていくなかで機械化が進むと思います。また、一人ひとりの能力を測ることがとても重要だと思っていて、そのことによって、働く人の意欲も高まります。

佐藤　例えば、キャベツはカットキャベツがスーパーや業務用野菜として定着してからは、通常のキャベツが一キログラムだったものが、より歩留まりがよい二～三キログラムのキャベツを作り、機械化も進んだことは事実です。機械化は、確実にこれからの農業を変えていくと思います。この一〇年、二〇年の間に農業自体が非常に変わってきましたし、農業を取り巻く環境も変わりました。かつてはスマートフォンなんかありませんでした。私が農業を始めた頃は、明日の天気を聞くのに、一一七の電話で聞いていたり、夜七時前から始まるＮＨＫ天気予報のテレビを観ていました。それが、たった二〇年前の話です。

ですから、これから二〇年後の農業の世界では、機械化が確実に進むと思いますし、商品の形も含めて、すべてが変わっていくのではないかと思っています。施設農業の先進国のオランダでは何十ヘクタールの農場でも一〇名以下の社員だけで回してるということがたくさんありますし、すべてが機械とＩＯＴで管理をされています。そういう状況に、日本の農業のある部分ではなるし、ある部分ではならないでしょう。澤浦さんが言われたように、農業の最適化が進むのではないかと思います。例えばある商品は日本でつくり、ある商品は海外でつくったものを輸入するほうが日本にとっては都合がいいという形になる。今後は農業においてもいろんな形で、いろいろな商品が最適化されるようになると考えています。

司会進行　商品の形態が変わるとき、それが消費者に受け入れられるかどうかが、大きなカギになってくると思われます。海外のスーパーではバラで売られているのに、日本では袋詰めでないと消費者は買ってくれないと言われてきましたが、これだけ、新型コロナで世の中がガラリと変わってくるなかで、商品形態もやはり変わってくるでしょうか。

福永　コロナの影響で、今は逆に、販売が個包装に変わってしまいました。お惣菜でもそうですし、バラで売っていた農産物も袋詰めになってきています。ただ、秀やＡ、Ｌといった規格は変わっていく可能性はあると思います。しかし、個包装そのものは、これから当分の間は需要があるのではないかと思います。先ほど、澤浦さんが言われたように、ホウレンソウの販売姿も変わっていくと思います。今、店頭で裸で農産物を販売している所は少なくなっています。地域の地場産の朝採りのようなもの以外は、だいたい袋詰めになっていっています。

司会進行　いずれにしても、働く現場をどういうふうに変えるかというところが、今、農業現場に問われていると感じています。

司会進行　ここからは、研究会に参加の皆さんから、直接質問を受けます。

〈質　疑〉

――やはり、人出不足の中でいろんな所から応援に来た人が、農業って二度とやりたくないというような現場じゃだめだということですね。

福永　社員だけじゃなくて、アルバイトでお店に来ていた人も農業の現場に入りました。時給もそう違いはないし、ひょっとしたら農業の方がいいくらいかもしれませんが、それでも、アルバイトで農業をやりたいとは思わないそうです。澤浦さんの言われたように、まさに必要なのが労働の部分だと思います。農業でアルバイトができるのが素敵だと言われればいいのですが、お店が開くのであればそこに戻りますということになってしまう。私たち、農業をしている側が、今までの農業の概念を変えない限り、そうした見方も変わらないでしょう。人手不足とばかり言っていて、まるで自分で自分を貶めているような感じです。

――今日のアンケートでは、これから国産志向が増えるという意見が多くありました。国産を増やす力が農業に集まるのかどうかです。よほど新しい農業技術によってブレイクスルーをやっていかないと、なかなか難しいでしょう。

澤浦　私は、これから、農業はけっこう楽しくなると思っていますし、農業の中に優秀な人材がどんどん入って来ていると思っています。来年の新卒の採用試験をちょうど始めたところですが、最近では、あらかじめ準備のできている人が多い。うちの会社で働くためにこういうことをやってきましたと言われると、採用しなければという気になります。逆に、農業をやりたいとインターンシップで来ても、ここでは合わないから違う所に行きますという人もいます。それも正しい選択ですし、うちに来た人も正しい選択です。農業法人といってもいろんな農業のやり方があります。ただ一つだけ言えるのは、ちゃんと目的をもって来てくれる人が増えてきたというのは心強いです。人口の中で占める社長の割合は二%くらいだと言いますから、農業の中でもそのくらいの人が残っていくだろうと思っています。

――コロナの中で、行政に期待することはどんなことでしょうか。

澤浦　やはり、法治国家ですから、農政がよくならないと農業はよくなりませんので、そこは重要です。一つは、畑を集約して形を整えること。これは行政しかできないことなので、行政に力強く進めてもらいたいと思います。

福永　行政の中でも、労働環境の部分を真剣に、もうちょっと踏み込んでもらえればいいと思います。

佐藤　私は、早く日本に帰れるようにしてほしいですね。

――澤浦さんが新しい流通チャネルの話のなかで、新聞販売店のことに触れられましたが、少し詳しく教えてほしいのですが。

澤浦　新聞販売店は各自宅に新聞を届けて、代金回収の仕組みも持っています。それを使って情報を届けながら、注文を取って、代金回収をして、商品を届けるという仕組みです。すでに、それが実用化されていましたが、これまでそれを束ねる会社がありませんでした。私の知り合いの会社は、全国の新聞販売店に機械のメンテナンスを通じて入り込んでいますので、その会社が、新聞販売店の物販規格を練り始めているようです。新聞の販売部数が急激に落ちていて、コロナで折り込みチラシもなくなって、新聞販売店の経営はかなり厳しくなっています。そのなかで活路を見出しています。

今回のコロナで、新聞から、ＳＮＳに情報源を求める人が増えてきているようですので、それも原因かもしれません。

――リモートワークができるようになったので、都心から地方へ、若者が向かうという人が少なからずいると聞きます。現場で、そうした動きを感じますか。

澤浦　うちの近くでは都内で働いていた人が移住して来て、ネットワーク関係の仕事をやっている人もいます。

――先週、ふるさと回帰センターが愛媛県の農業移住相談会をやっていました。そうした、移住セミナーにはけっこう人が集まるようになってきたそうです。

福永　学生が就職するときに、その地域でというのはあまり聞いてはいません。やはり、ある程度働いている方が、地域に行ってリモートで、あるいはある程度年齢のいった方がIターンやUターンでというかたちは聞いたことがありますが、新卒でいきなりというのはまだ聞いたことはありません。学生の話を聞いていても、そういう話は出てきていませんね。

――　イオンアグリ創造は、地方の二〇か所もの農場を持っているので、できれば地方の農場で働きたいという人はいるのですか。

福永　従業員の中には、そういう人もいます。

――　コロナの影響を受けて、農業がよい方向に変わっていけばいいですが、今の状況では、今後、世界的な食料不足が訪れるかもしれません。日本の食料はどうなります。

福永　日本が世界の食を支えるというぐらいになってもいいのではないかと思います。水も豊富ですし、いろいろな問題もありますが、農作物を作るにはほんとうにいい環境だと思います。こういうときだからこそ、国として世界にできることは何だろうということを考えて、日本から発信することができたら、農業自体も大きく飛躍するのではないかと思います。

澤浦　これから、農業でも知的財産が非常に重要だと思います。うちでも特許申請していますが、そういった知的財産を持つなかで、海外に展開していくことはあり得ることです。

と思っています。

海外に視察に行くと、日本ほど水が豊富な所はあまりありませんので、可能性はすごく高いと思っています。

佐藤　大きな流れで見れば、全世界人類の課題として食糧難がありますが、すぐに、危機的な状況になるとは思えません。人間は知恵があるし、少しずつ変化していきます。例えば、ほんとうに食料がなくなれば、日本の農業はもっと変わるでしょう。今、私は花を作っていますが、花の需要はなくなるでしょう。世界中には、まだまだ農地もたくさんありますし、そういう意味で言えば、今回、マスクが無くなったとなったら、車のメーカーがマスクを作ったりします。そうしたことを考えれば、ゼネコンが農業分野に進出するなど、いろいろな形で人類が知恵を活かせば、そう簡単に食料危機になることはないと思っています。したがって私は、そこまで心配することはないと思っています。農業は、長い目で見れば、ものすごい価値があり、無限の可能性がある職業の一つだと思っています。

司会進行　今回は、いろいろ地域を結んで、リモートでおこないました。非常におもしろいものになりました。ありがとうございました。

（二〇二〇・七・一）

消費の現場はどう変わるか

ロイヤルホールディングス株式会社 代表取締役会長
菊地　唯夫

私どもは外食グループですので、ここでは、外食産業から見て、コロナでどういう問題があるのか、これからどういう問題を想定していかなくてはいけないのかをお伝えできればと思っております。ただ、いきなりポストコロナの話をするよりも、まず、コロナが起きる前の外食産業がどういう状況で、どういう課題を抱えていたのか、そうした問題に対して、われわれがどのように答えを出そうとして考えていたのかをお話しし、その後に、農業と外食という視点でポストコロナについてお話をさせていただければと思います。

私どものグループの概要をご紹介します。ロイヤルというと、どうしてもロイヤルホストの印象が強いと思われますが、私どもは、かなり事業を多角化してきておりまして、外食、コントラクト、機内食、ホテルという四つの主力事業があります。外食は、ロイヤルホストのほかに、天丼のてんや、カウボーイ家族、シェーキーズ、シズラーなど、全国で五六〇店、売上が六三〇億円ぐらいです。コントラクト事業は、二〇〇店ぐらいですが、特定のブランドで展開するというよりも、様々な施設をご利用される方に食とサービスを提供するもので、高速道路や空港、社員食堂、百貨店、病院、老人ホーム、コンベンションセンターなどの施設で約三五〇億円ぐらいの売上を上げています。機内食事業は、関空、福岡、那覇、そして成田と羽田ではＪＡＬと合弁会社でやっています。ホテル事業は、リッチモンドホテルという名前で、全国で約四〇のホテルを展開しています。グループ全体の売上が一四〇〇億円、その半分弱が外食、四分の一がコントラクト、残りの四分の一がホテルと機内食ということになります。

すべての事業が、このコロナで壊滅的な影響を受けておりますので、ポストコロナに向けて、どのように戦略を立てていく必要があるのか、今まさにその検討の佳境に入っているところです。

私どもの創業者である江頭匡一は、飲食を水商売ではなく産業にするということにその一生を捧げました。日本では、一九七〇年代くらいから外食が本格化します。そのころの経営環境は、人口がどんどん増加して、モータリゼーションも進み、経済もどんどん成長していました。そうすると、当然、外食に対するニーズもどんどん高まってきます。そのニーズに対応するために大事なキーワードは、画一性・スピード・効率性でした。お客様がどんどん増えるわけですから、お客様の喜ぶ業態ができれば、それを画一的にスピード感をもって効率的に展開していきます。これが、産業化のモデルとしては、非常に有効に機能しました。具体的には、チェーン理論やセントラルキッチン、フランチャイズシステムなどの導入によって、外食産業は七〇年代から大いに成長して、二五兆円の市場まで成長しました。

二〇年以上デフレ経済環境の中で

日本の人口推移と産業モデルの変化を見ると、人口が増加をしていくプロセスにおいて、画一性、スピード、効率性は非常にうまく機能しました。しかし、人口増加が停滞感を示す中で、産業としては今、生産性が非常に低い、働き手が集められない、構造的にそういう問題に直面しています。これからわれわれが進んでいく社会は、明らかに人口が減少していきます。人口が減少し始めただけで、生産性の問題と働き手が確保できないという問題を抱えているモデルが、果たして、さらに人口が減少していく局面においてもサスティナブルなものなのかどうかということが、改めて、われわれは問われているのではないかと感じております。

私がこんなことを感じたのは、日本フードサービス協会の会長をやっていたときで、毎年のように、外食産業でいろんな問題が起こりました。賞味期限切れ、異物混入、虚偽表示、バイトテロ、過剰勤務問題、こういう問題が起こると、必ず、どこどこの企業の管理が杜撰だというお叱りを受けていた。こういう問題が起こると、多くの企業から同じ問題が連鎖的に出てきます。これは本源的には個別の問題ではなくて、産業構造自体に大きなひずみが出ているのではないかと私は考えるようになりました。改めて考えてみると、われわれは二〇年以上デフレという経済環境の中でやってきています。当然、デフレで価格が下がり、一方、日本では、コストがどんどん上がってきた。それは製造業もサービス業も同じですが、その問題に対して製造業はどうしたかというと、工場をベトナムや中国に移転するなどして何とか対応してきました。

一方、われわれサービス産業はそう簡単に工場移転などができるわけではない。産業というからには、なんとか自分たちで利益を出さなければならない。そうすると、自分たちがコントロールできるコストをいかにコントロールしていくかということになります。自分たちがコントロールできるコストは原材料価格と人件費です。原材料価格をどんどん圧縮した結果が、もしかしたら、賞味期限切れ、異物混入、虚偽表示の問題となって表れたのかもしれません。これ以上原材料価格は落とせないとなると、人件費を圧縮しようとなる。その結果が、もしかしたら、バイトテロ、過剰勤務の問題なのかもしれません。つまり、デフレがあまりにも長く続いたことによって、産業モデルに大きなひずみが生まれて、それがこういった事象として発現しているのではないかというのが、私の最初の仮説です。

これから、人口減少が本格化していくわけですから、その中で、生産性という論点を軸に、人口が減少いく時代においてもサスティナブルな産業モデルとはどういうことなのかを考えていかなければいけません。私は今、そういう問題意識に至っております。

人口減少時代の生産性

外食産業において生産性の問題を考えるときに、まず考えなければいけないのは、サービスの提供と消費の同時性という特徴です。製造業であれば、物を安く作って、安く運んで、安くストックして、高く売るまでに時間があります。しかし、サービス産業は商品を提供した瞬間にお客様が消費をされる、同時性というものがあるということが、生産性というものを考えるときに重要な論点になります。何故なら生産性というのは、従業員一人当たりの付加価値で表されます。よく現場では、あなたの店舗は生産性が低いから、生産性を上げなさいと言われると、大体やることは、従業員の数を減らします。五人でやっていたことを四人でやりなさい、三人でやっていたことを二人でやりなさい、という具合です。そうすると、分母が小さくなるので、そのときは生産性は上がりますが、結果として同時性が発現することによって、サービスの価値は下がってしまいます。

例えば、三人でやっていたことを二人でやることによって、提供時間が遅くなる、もしくは呼んでも来られる状態ではなくなってくる。サービスのクオリティが下がって、結果として付加価値が下がる。どのように付加価値が下がるかと言うと、例えば、再来店頻度が減ってしまう、今までコースを注文していた人がそうでなくなる、このように時間を伴って付加価値が下がり、結果として生産性が低下してしまいます。ですからこの同時性を踏まえた上で、生産性を考えなければいけません。

従来の産業が疲弊していることを前提にして、これからの時代にサスティナブルな産業のあり方とは何だろうと考えるとき、まず考えなければいけないのは、人口が増加していく時代と人口が減少していく時代とでは何が変わるのか、という論点を特定する必要があります。私は、これを二つの論点に集約しています。一つは、需要サイドの変化。つまり、人口が増加していくときはあらゆる市場が拡大していたが、人口が減少していくときには、拡大する市場と縮小する市場にと二極化していくということです。

例えば、シニアのマーケットは拡大していくけれども、子ども服などの市場は縮小していく。つまり、市場が二極化していくというのが、一つ目の論点です。もう一つの論点は、これまでの産業化で求められた画一性・効率性・スピードの背景には、労働供給のボトルネックは生じないという前提がありました。アルバイトが二〇人必要で、募集したら一〇〇人の応募があり、その中から二〇人採用しました、というのがボトルネックがない状態です。しかし、今、お客様がすごく喜ぶ業態ができたものの、二〇人のアルバイトが必要なのに五人しか集まらない。結果として、オープンを延期せざるをえない。私が社内で見ている中で、最近増えてきたのは、お客様はたくさんいるが、働く人を確保しにくい立地なので閉店しますという例です。まさしく、労働供給のボトルネックが産業化のプロセスに大きな影響を与えているのです。この二つの論点を組み合わせて、例えば横軸に市場の成長を、縦軸に供給制約の強弱をとってみると、市場も拡大して働く人も相対的に確保できる領域では、今まで同様に規模を拡大していけばよい。

一方、今後増えてくるのは、市場は縮小し、働く人も確保できない領域です。また、市場は縮小するけれども、働く人はいくらでもいる領域では、永遠に終わらない競争が続くことになります。働く人がいくらでもいるということは、常に新規参入者が入って来るということですので、その領域は常に競争に晒されます。しかし、市場は縮小し働く人も確保できない領域では、人を確保できない企業は市場からの退出を命じられます。実はこれが、ロイヤルホストがなぜ二四時間営業をやめて、店舗数を減らしているか、ということの背景にあるのです。

そのようにわれわれのグループの中でも、それぞれの事業ごとに、その置かれた経営環境をもとに、ビジネスモデルを組み立てていく必要があるというのが一つの論点になろうかと思います。ただ、いずれのケースにおいても、生産性という論点を具体的に考える必要があります。この生産性というのは、従業員数分の付加価値ですから、分子を大きくするか、分母を小さくするか。分母を小さくするときに、サービスの提供と消費の同時性というのがありますから、分母を小さくしたら分子が小さくならないように、いかに考えてやるべきなのかが重要になります。

最も大事なのは付加価値の向上というテーマで、この論点から議論をしてみたいと思います。

回転ずしのレールが意味すること

私は、日本のサービス産業のジレンマというのは、「おもてなし」というように、人が提供するサービスに対して高い期待値があります。そのため、サービスになっていないと言われます。一方で、サービスに対して対価性が低い。たとえばサービス残業というのは、対価のない残業。これをサービスにしておきますということは、無料ですというのを言下に言っていることです。期待値が高い割に対価性が低いものを産業にするというのは、非常に難しいテーマを課せられているというのが、問題意識の大前提にあります。

では、昔からサービスの対価はなかったのかを考えると、私は、バブルの頃は価格の中にサービスの対価が含まれていたのではないかと思います。この頃は欧米の方々が日本に来て、日本の外食は高いと言っていた時代です。そこから約三〇年が経過して、今、何が起きているかと言うと、日本よりはるかに一人当たりＧＤＰの低い国から来られた方が、日本の外食は安いと言っています。これは、もしこの三〇年間に、安く提供できる技術革新・イノベーションが起きていれば評価できると思います。ただ、その技術革新・イノベーションはほとんど起きていないはずで、回転寿司のレールくらいではないでしょうか。

長引くデフレで、サービスの対価が長期間かけて縮減してしまったのではないかというのが、私の仮説です。これは、欧米では起きません。なぜかと言うと、アメリカやヨーロッパでは、チップやサービス料として、価格の外側についているのです。日本の場合は、どうしてもサービスの対価を請求しづらい社会だったので、価格の中に見えないように織り込まれていました。それがデフレの中でどんどん削られてきて、それが産業化モデルの疲弊化につながっているのではないかというのが、私の問題意識です。

ホスピタリティという付加価値

そうすると、その部分の対価を回復していかない限りは、成長は絵に描いた餅になってしまいます。お客様からいかに付加価値を認めていただいて、きちんとその対価をいただけるかというのが、本質的に重要なポイントになります。付加価値の源泉とは、例えば、健康、国産消費、といったことで、「健康のためだったら多少高くてもいい」という言葉がつながります。こういったことに対しては付加価値を認めてくれる。これは、人によってそれぞれだと思います。そうすると、外食でいうところの付加価値とは、例えば、商品だったら、国産の食材を使った商品は、お客様は多少高くても払ってくれるでしょう。てんやでも、国産野菜天丼のほうが多少高いけれども、お客様はそれを選んでくれるわけです。

一方、サービスの場合、マニュアル通りのサービスでは、お客様はたぶん付加価値を感じてくれません。マニュアルを越えたホスピタリティだからこそ、付加価値を感じていただけると思います。そうすると、国産の農産物とマニュアルを超えたホスピタリティには、共通点があります。それは、規模と相反するということです。規模が大きくなればなるほど、国産の食材に限界があって使えませんし、規模が大きくなればなるほど、サービスはマニュアルで統制せざるを得ません。逆に考えると、規模を小さくすることで、国産食材を使いやすくする、もしくは、マニュアルを超えた高度なホスピタリティを提供でき、それによって付加価値を訴求できる可能性がある、ということです。

われわれのグループでそれを実践をしているのが、ロイヤルホストです。二〇一二年頃から、国産フェアをやってきていますが、二〇一三年には、国産車海老のカレーを一八〇〇円で提供しました。高めの価格でしたがお客様に人気がありました。このときは、国産車海老の確保がすごく大変で、結局、一時期は一店舗に四匹しか配布できませんでした。二二〇店で一店舗当たり四匹ということは、四四〇店では二匹、八八〇店なら一匹です。二二〇店という少ない店舗数だったがゆえに、かろうじてお客様が付加価値を認めてくれる商品を提供することができたわけです。

また、ロイヤルホルトはかなり前に二四時間営業をやめ、営業時間を短縮してきました。売上がかなり減るのではないかという見通しがあったものの、実際は、売上が上がりました。これは、二つのことを意味しています。一つは、規模の戦略的圧縮ということです。例えば、縦軸に価値をとり横軸に規模をとると、製造業は直線的に上がっていきます。それは、規模の利益やスケールメリットという言葉に象徴されます。しかし、一定のサービス産業は直線的に上がっていくのではなくて、放物線になるのではないか。一定の規模までは、価値が上がっていくが、それを超えると価値は下がる。なぜ下がるかというと、市場での競争が激化したり、ブランドの陳腐化が起こる、特定の食材が使えなくなる、あるいは人が集め難くなるからです。そこで、ロイヤルホストが何をやったかというと、営業時間を短縮し店休日をつくることによって、価値の最大化を図ってきました。

要するに、最適値を探すようなイメージです。ただ、この時点で最適化はできるのですが、人手不足によって最適な規模の位置は左に動いていきます。そうしていくと、さらなる規模の縮小が必要になってきます。しかし、資本主義においては、縮小均衡はサスティナブルではありません。そのまま放っておくとどんどん最適な位置が変わっていくので、位置が動かないようにする手段を探していかなければいけません。

テクノロジーで解決できる部分

ロイヤルでは「ギャザリング・テーブル・パントリー」という店舗をオープンしました。ここでは当時最先端といわれるテクノロジーを駆使し、従業員はウェアラブルデバイスを使ったり、トレーニングも全部スマホで実行し、セルフオーダー、キャッシュレス、調理機器も家電メーカーと共同で開発した特別仕様にプログラミングしたオープンを設置しました。人口が減少する中で、人は付加価値を創出するプロセスに集中し、それ以外はすべて機械あるいはロボットに置き換えられないだろうかというのが、この実験の考え方です。当時、社外からは無人店をつくろうとしているんですか、と言われましたが、そうではなくて、人がやらなくてもいい仕事はできるだけ機械化をすることによって、人は人にしかできないことに集中し、付加価値を上げていくというのが基本的な考え方です。

例えば、人は、接客・調理以外にも、開閉店、管理事務、店舗マネジメントなどいろんな仕事をしているわけですが、その仕事自体は直接的な価値は生み出していません。人にしかできないところに、いかにより多くの時間を割いてもらうかと考えた場合、それをいかに人がやらなくてすむようにできるか、というのがテーマで、それを実験したのがこの店舗でした。

こういう店舗で実験をしていると、私たちの仕事がなくなるのではないかと従業員もだんだん不安になってきます。オックスフォード大学のマイケル・オズボーン教授が、二〇一三年に人工知能とロボットが進化したら、日本の仕事の四九％はなくなるという衝撃的なレポートを出しました。ヒトによる労働には肉体労働、頭脳労働に加えて、感情労働というものがあると言います。感情労働は、顧客の満足を得るために自分の感情をコントロールして、常に模範的で適切な言葉・表情で応対することが求められます。その労働の対象は、接客、教師、ドクターのような方々の労働です。これから起こるデジタル・トランスフォーメーションでは、肉体労働はどんどんロボットに変わっていき、頭脳労働はＡＩに変わっていきます。そうなると、感情労働がすごく重要性を増してくる。ただし、この感情労働は非常に大きな弱点をもっています。自分の感情をコントロールしなければいけないために、とてもストレスがかかるという問題を抱えています。私も店舗をまわっていて、店長にストレスを感じていますかと聞くと、皆さん、だいたいストレスを感じていると答えます。ただ、ストレスを感じている対象というのは、お客様や接客ではなくて、通常は本部からの報告事項であるとか、棚卸作業だとか、発注業務だとか、営業が終わった後の清掃とか、こういったところに大きなストレスを感じているようです。そうすると、ＡＩやロボットにできることは任せて、人は人にしかできないところに集中するように、テクノロジーをうまく活用していかなければなりません。もし、それができれば、「ヒトによる労働orテクノロジー」ではなく、「ヒトによる労働ｗｉｔｈテクノロジー」という関係にできるのではないかと考えています。

こういう話をすると、従業員から次のような質問がありました。私たちは楽になるけれども、テクノロジーをどんどん使うことはお客様にとって本当にいいことなのでしょうかと。お客様の満足というのは、基礎的なものと付加的なものとがあります。基礎的な満足度というのは、清潔な食器だとかメニューの写真など当たり前のことです。付加的な満足度はスマイル、臨機応変な対応などです。基礎的な満足度ができていないのに、付加的な満足度だけではお客様は絶対に喜んではくれません。きたない食器で、スマイルで持ってこられても、たぶん、お客様は絶対許してはくれません。

これからの人手不足は、おそらく、この基礎的な満足度を充足することすら難しくなっていく。それだけ人口減少は、インパクトがあると思っています。ということは、食材の発注や掃除など、とにかくテクノロジーに任せられるところは徹底的に任せて、その代わり、人は人にしかできないところに集中しましょうというのが「ヒトｗｉｔｈテクノロジー」で、これをわれわれはやっていかなければいけないというのが、問題意識です。時間とともに人がやるべき領分が、テクノロジーによって機械にどんどん代替されていくという形です。ただ、われわれには感情労働というものがありますから、必ず、人にしかできない部分が残ります。一定の時間をかけて、どんどんテクノロジーを活用していきましょう。そうして、人はなるべく人にしかできない部分に集中していきましょう、というところまで考えていたのが、実は、プレ・コロナでした。将来のために、今何ができるのかということで、われわれも実験をいろいろしてきたわけですが、今回、コロナ問題が起きたことによって、将来のためではなくて、今を生き延びるためにどうやってテクノロジーを活用していくかということを問われ始めました。それが、ポスト・コロナにおいて、最初に起きたことです。

コロナ禍ですべての事業がマイナス

外食、コントラクト、機内食、ホテル、それぞれに見合ったかたちで多様な事業ポートフォリオを分散させることによって、ブーム性のある外食産業の中で安定性のある、サスティナビリティをつくっていきましょうというのが、私たちの基本的な方向性でした。いわゆる、事業ポートフォリオの分散によるリスク体制をつくってきたわけです。

しかし今回のコロナでは、正直に言って、すべての事業が、今、ダメになっています。やはり、リスク体制について過信していたというのが、最初の反省事項です。

まだコロナの感染者がどんどん増えていますので、なかなかその終息後が読みにくく、ある程度落ち着いた段階において、われわれはどういう世界を想定すべきか考えてみます。まず、インバウンドはなかなか回復しないでしょう、また、企業も莫大な借金を抱えますから、当然、かなり保守的になります。家計ももちろん不安になる。テクノロジーが生まれて、新しい生活スタイルが生まれるでしょう。当然、あらゆる経済主体が負の遺産を抱えることになりますので、その処理には相当程度の時間を要し、中長期的には、消費の回復は間違いなく期待できないでしょう。一方では、テクノロジーや新しい食のスタイルというのは、新しい可能性とも結びついてくるかもしれません。

繁閑の差をどうコントロールする

外食産業は、売上から原価と人件費、家賃を賄いますが、二月にコロナの問題が起きて、最初に何が起きたかというと、人件費が払えないということから、雇用調整助成金の支援策が決まりました。次に、今度は家賃が払えないということから、家賃の補助にも支援が生まれました。この二つがなぜ問題になったかと言うと、売上がなくなった結果、固定費の支払いができなくなった、というのが、基本的な構図です。そもそも、外食産業というのは、繁閑の差が必ずあります。この差をどういうふうにコントロールしていたかというと、正社員とアルバイトのコンビネーションで、忙しい時はアルバイトにたくさん入ってもらって、暇なときは正社員だけ、というように、人件費を変動費化することによって、繁閑の差をコントロールしてきたのだと思います。だからこそ、ＦＬコントロールという言葉があるのだと思います。

ただ今回、変動費だと思っていた人件費が、実は固定費だったのではないかということです。われわれはここ数年、ずっと人手不足が続いたことによって、どういう対処をしてきたかと言うと、なるべく、人を固定化してきました。なぜかというと、辞められたら、二度と採用できない可能性があるからです。これが、われわれの産業モデルで変動費だと思っていたものが固定費に変わってしまった原因です。では、変動費と思っていたものが、本当に固定費に変わると何が起きるかというと、損益分岐点が上がってしまいます。例えば、売上高一〇〇〇万円に対して原価が三〇〇万円とし、人件費は半分が固定費、半分が変動費、賃料は固定費、経費は半分が固定費で半分は変動費、営業利益を五〇万円とすると、損益分岐点は八八九万円、損益分岐点比率は八九％、安全余裕率は一一％、つまり売上が一一％落ちてもトントンという意味です。

次に、変動費部分をすべて固定費になったときを考えると、損益分岐点は九〇〇万円を超え、安全余裕率は一桁に落ちます。さらに、今度は固定費が五〇万円、変動費を二五〇万円とすると、損益分岐点は八一八万円まで下がり、安全余裕率は二〇％近くまで上がります。

外食産業というのは、もともと、少ない固定費と高い変動費で調整される損益分岐点で、繁閑の差をコントロールしてきたのではないか。それが、ここ数年の人手不足で、固定費が上昇し、損益分岐点も上昇していたのではないかと、今回のコロナで感じました。

なぜ、それに気が付かなかったのかというと、実は、損益分岐点は異なっても、売上、利益率は同じです。ここ数年は、景気もあまり悪くはなくて、売上もそこそこありました。売上が高かったので、変動費が固定費に変わったとしても、そのインパクトが結果として出ていませんでした。そうすることで、知らないうちに固定化していった、というのが背景にあるのではないでしょうか。

内食、外食に垣根がなくなる

そういうネガティブな話だけではなくて、ポジティブなこともいくつかあります。今までやっていなかったけど、テイクアウトとデリバリーをやったら、けっこう売上があったと聞きます。一方、テイクアウトとデリバリーだけやっていると、やはりリアルなフェイス・トゥ・フェイスで食べたほうがおいしいことを再確認します。

固定費の問題と、テイクアウトやデリバリーなど新たなモデルが出てきたことによって、外食産業はどう変わるかということを考えると、私は、今後大きな多様化のプロセスをたどるのではないかと思います。当然、外食産業のイート・イン（店内飲食）というビジネスモデルは今後も残ります。しかしテイクアウトとデリバリーをやったら、非常にうまくいったので、イート・インは外して、テイクアウトとデリバリーだけでビジネスをやってみようという選択も出てきます。その店舗は、一等地に出す必要があるかというとその必要はありません。テイクアウトとデリバリーは、スマホの位置情報だけでビジネスが成り立つからです。であれば三等立地でいいわけで、そうすれば高い家賃から解放されて、固定費を削減することができます。もしくはゴースト・レストランとかクラウド・キッチン、出張レストラン、つまり固定費をなるべく払わないでやる方法が出てきます。なぜそれができるようになってきているかというと、テクノロジーの進化です。

今まで、外食産業は一等立地に出店して視認させることがビジネスの基本だったのですが、そうした立地から解放されるのではないか。それがこれから起きてくることなのではないかと思います。われわれも「レストランの料理をご自宅で」ということで、フローズンミール「ロイヤル・デリ」のＥＣ販売も始めており、冷凍技術の進化がそのような新しいビジネスを生み出しています。

外食、中食、内食は七〇兆円規模と言われていますが、縦軸に市場、横軸にプレーヤーをとってみると、変化がよくわかります。中食はイートイン・スペースを拡充して外食に入り込んできました。内食も、グローサラントなどを強化してきて、外食との垣根がなくなりつつあります。外食は防戦一方でしたが、今回のコロナによって、テイクアウトとデリバリーが本格化して、中食に入り込んだり、ロイヤル・デリのような形でEC販売も出てきました。つまり、相互に入り乱れて、今までは、使い分けされていた垣根がなくなって、一気に、七〇兆円の市場になったのです。

このことはどういうことを意味しているかというと、今までお客様は、外食のためには出向かなければならなかった、中食は買いに行く必要がありましたが、好きな時間に好きな場所で好きなスタイルで、食の選択をおこなう時代に変わっていくということです。お客様にとっては、時間と場所からの解放ということを意味しているのではないかと思っています。

これは、外食産業がフードビジネスに進化するということを意味していて、ポジティブにみると、ひとつの可能性が広がりますが、その競合関係は非常に厳しくなっていきます。したがって当然、そこで淘汰される企業も出てくると思います。その多様化は進化という言葉と合わせて考えることができるのではないでしょうか。

顧客と店舗を結び付けるもの

プレ・コロナではお客様の利便性の高い立地でないとお客様に来ていただけないわけですから、当然、家賃が高くて固定費が高くなる。ピーク時の最大稼働を前提に店舗をつくるので、投資も大きくなります。大きい店舗をつくるわけですから、当然、従業員も多くなり人件費が高くなります。

また固定化しなければいけない。今までは高稼働が維持されていたので、結果的に問題がなかったのですが、今回、コロナで売上か大きく低下すると、この問題が一気に噴出したわけです。反面、これが長期化することで、店舗における、デリバリー・テイクアウトというものがもっと当たり前になってくると、顧客と店舗を結び付けるものが、立地からスマホの位置情報に進化するのではないか。そうした動きは他の業界にも起きていて、小売りでもＥＣが拡大し、学校の授業はオンラインになり、会社での仕事はテレワークになっています。どんどん、オンラインでできるようになっていく。そうすると、オフライン、つまりリアルの世界というのは何の意味を持っているのでしょうか。会社、キャンパス、飲食店は、フェイス・トゥ・フェイスやリアルでしか感じられない文化もしくは体験価値、こういったものが、これから、まさしく問われてくるのです。お店にいく価値というものが問われてくるのではないかと思っています。

　こうした変化はほかの業界ではすでに起きていて、小売はＥＣ拡大、銀行はネット銀行が普及し、証券はネット証券が拡大し、レンタルはオンデマンドに、本はキンドルになって、という具合です。リアルは、どんどんデジタルによって代替をされています。それでは、このリアルは全部なくなってしまったかというと、必ずしもそうではなくて、お客様がそのときの状況に応じて、今日は銀行に行って細かい話を聞きたいとか、今日は簡単な手続きだからネットでやってしまおうとなる。つまり、お客様は選択肢の中で自分に状況に合った選択をする。場所と時間からの解放というのはまさしくそれで、それがついに外食産業にもきたわけです。それが、私たちが問われているポスト・コロナの一番大きなポイントになるのではないかと思います。

外食産業では、お客様にも店舗にも、大変なストレスがかかります。お客様からすれば、行きたいときにお店が満員だった、ピーク時に長時間待たされた、食べたいときに食事が売り切れだったということがあります。店舗も受け入れには限界があります。想定以上の来客に人揃えができていなかった、予測を超えた注文が入ったということもあります。これらは、すべて、同時性があるから起こるミスマッチです。今起きているテクノロジーによる変化というのは、例えば、事前決済、調理機器のイノベーションなどです。デリバリーのウーバーイーツなどの登場は、もしかしたら、このサービスの提供と消費の同時性という課題を、解決はできないまでも大きく緩和する可能性があるのではないかと考えられます。今までは、行ってみないとその商品があるかどうか、店舗が開いているかどうかはわかりませんでしたが、ウーバーイーツなら、そのリスクはまったくありません。店舗の方も調理ミスも少なくなるでしょうし、ゆっくりと準備もできる。つまり、同時性があることによって、提供側にも需要側にも大きな課題をつきつけていたのが、かなり解消されていくのではないか。ということを、テクノロジーが今、われわれに提示しているのだと思います。

私は、日本フードサービス協会の会長をやっていたときから、ずっと、外食産業と農業はもっともっと連携をすべきと考え、産地交流会にも何度も行きましたし、ＪＡの方とも何度もディスカッションをしました。ただ、なかなか簡単ではありません。それはなぜかと言うと、外食のチェーンにとって、やはり供給制約の課題と、価格の問題というのが常にあります。農業サイドにお話しすると、やはり、外食に対する不信感みたいなものが結構あります。ブームがあったのでたくさんつくったら、今年はもういらないよと言われたという話も聞きました。本質的には、農業の主体と外食の主体、それぞれが小規模のプレーヤーが多く、マッチングがなかなかできないことが課題です。

外食産業と農業相互に価値創出

外食と農業は、お互いに協働の中で価値創出をしなければいけないパートナーであるべきですが、なかなかできていない。これが、これまでの問題でした。特に、プレ・コロナにおいては、外食も農業も、人手不足や後継者の問題で持続性に課題がありますし、外食では、チェーン展開の限界性もありました。

この外食産業と農業の関係性がコロナにおいて、どう変わってくるかを考えてみます。まず、コロナによって、農業と外食にどのような影響因子があるのだろうかと考えると、ひとつ大きいのは、都心から郊外へ生活圏が変わって、これが長期化すれば常態化していくだろうということです。また、サプライチェーンのリスクも生じていて、本当にこれから、牛肉が入ってくるのだろうかという問題もあります。先ほど申し上げたように、外食、中食、内食はボーダレス化してきます。農業のほうでも、量販店向けのほうは非常にうまくいっているけど、外食向けは、契約の固定性などで苦労されています。また、コロナによって、健康志向の強まりが見えます。自然災害も同じタイミングで起きていて、チェーン展開の限界性に加えて、サプライチェーンのリスクがあります。都心から郊外へという動きや健康志向の強まりが出てくると、おそらく、地域密着型外食もしくは付加価値指向型外食が生まれてくるでしょう。ただ、この大前提として、コロナを生き残ればということがあります。外食の場合は、新しいものがどんどん生まれてきます。持続性の問題も、ボーダレス化してくると、市場が融合していきます。

外食もどんどん地域密着型になると、チェーンの有効性が低下して、サイズも小さいものが出てきます。それと小規模農家のマッチング、インターフェイスをどう繋ぐかです。例えば、高付加価値の農産物が欲しいとなったとき、それが農家とうまく繋がるのか。せっかく郊外型をやるのだから、地域密着の農産物を使いたい。このインターフェイスをどうやってつくっていくか、というのが、おそらく、これからの大きな課題です。両面市場という言葉があって、それによって、デジタル・プラットフォーマーなどが出てきています。クレジットカードで考えるとわかりやすいと思いますが、クレジットカードを利用する店舗があって、それを活用するお客様がいて、そういう二つの市場がある。そこを繋いでいるのが、クレジットカードということになり、これを両面市場と言います。ネットワーク効果が働く市場で、こういったものが、デジタルを活用して、今どんどん出てきています。ウーバーイーツ、タクシーなどいろいろなところに生まれているのは、まさしくこのデジタルを活用した両面市場というビジネスモデルです。

そう考えると、近い将来の可能性としてイメージできるのは、ウーバーイーツの外食・農業版ではないでしょうか。例えば、外食がこういう付加価値でこういうものが欲しいと言ったら、それを農家からピックアップして届けてくれる。調理と農業は若干違う部分はありますが、そういったものが生まれることで、小規模同士のインターフェイスが生まれる可能性があるのではないかと、期待をしています。

ロイヤルと農業のパートナーシップ

私はロイヤルの経営をしていく中で、やはりステークホルダーを重視してきました。会社にはお客様がいて、従業員がいて、取引先がいて、株主がいて、すべてのステークホルダーにとって魅力ある企業になることを目標にしています。誰かを犠牲にして誰かを満足させる経営から、脱却しなければいけない。実は、ステークホルダーを満足させることは、成長期には難しいことではなくて、とにかく店舗さえ拡大すれば、お客様は新しい体験ができ、従業員もどんどん新しいチャレンジができる、給料もどんどん増えていきます。取引先もどんどん取引が増えていって、株主も株価が上がって喜ぶ。まさしく、資本主義においては、成長というのはすべてのステークホルダーの満足度を上げる効果があります。

一方、成長が鈍化してくると、お客様はサービスの低下を感じ、従業員も自分のステップアップもなく、ボーナスも増えず、取引先も値引きしか言ってこなくなる、株主も株価が下がって経営陣を批判するというように、すべてのステークホルダーの満足度がだんだん下がってきます。

ここで終わらないのが資本主義の難しさで、今度は、利害対立が起こり始めます。株主へのリターンを上げるためには、もっと従業員をリストラしろということが起こります。宅配で、お客様の満足のために何回も無料で働いたら、従業員が疲弊してしまった。これが、ポスト成熟期の資本主義の難しさだと思います。特に日本の場合は、ステークホルダーに強弱があります。お客様が神様、株主も圧倒的に強い。そうすると、その間に入る従業員と取引先が間で苦しい思いをする、特に従業員が非常にストレスを感じざるを得ない。そういうことが、日本で今起きている根源なのではないかと思います。そうすると、先ほど申し上げた、付加価値を上げて、新機軸を開発して、効率性・生産性を上げて、すべてのステークホルダーの満足度を上げていくこと、市場が縮小もしくは成熟社会の中でもこれを実現していくのが、これからのわれわれの使命です。

そして、そこで大事なのはやはり農業のパートナーシップであり、そこで付加価値を生み出していくのが、これからの産業のサスティナビリティにとって、とても大事なことだろうと思います。そうしたことから、ロイヤルグループでは、二〇一八年から毎年、一〇か所くらいの農業現場をまわらせていただいています。最初は、収穫の手伝いから始まったのですが、お手伝いというほどのサポートにはなっていないので、「産地を知ろう活動」ということで田植に行ったり、タマネギの収穫に行ったり、農業と連携をして、より生産者の方々とのパートナーシップを深めていこうという取り組みです。

今回、たった数か月で自己資本の三割が吹き飛ぶという業績を発表したことから、従業員が非常に不安に感じていました。そこで、ＺＯＯＭを使って全部で一三回くらい説明会を開催しました。あまり不安にならずに、でも危機感は持ちましょう、ということを説明しました。そのとき、ペリーの来航を例にあげ、今回のコロナはペリーの来航と同じではないかと従業員に伝えました。江戸時代末期は非常に閉塞感があったものの平和な時代でした。コロナの起こる前の日本は、オリンピックはあるものの、閉塞感があって、このままサスティナブルな産業であり続けられるのかという不安はありました。ただ、平和だけはありました。そこにコロナが到来し、われわれは一気に変わらなければならなかった。まさしく、ペリーが来航して日本で起きたことと一緒です。その後、たいへんな苦労はあったものの、明治維新という新たなステージに入りました。ですから、コロナを生き残れるかどうか、まだ自信はありませんが、何とか生き残って、外食産業の課題を解決して、新しい時代をつくっていきたいと思っております。

（きくち　ただお）

〈質　疑〉

――　最近の状況についてどのように感じておられますか。

菊地　外食産業にとっては厳しい局面と思います。今回のコロナにおいては、ハンマー・アンド・ダンス、山ができたらとにかくハンマーで叩く。でも、これはワクチンができるまで絶対終わらないので、また山ができ、ハンマーで叩たくというのを、ずっとやっていかなくてはいけないと言われています。ですから感染者が増えていくのは、想定外ではないと私は思います。これが想定外になってしまうと、もう経営はなにもできなくなってしまう。こういうことを想定しながら、では何ができるのかを考えていくのが、大事なポイントだろうと思っています。ですから、これによって、われわれは影響を受けないというわけではなくて、ものすごく影響を受けるのですが、もともと、こういうことが起きる事を想定していたというのが、正直なところです。

――　外食、中食、内食がボーダーレス化しているお話がありました。コロナの前からそうしたことは起きていたわけですが、今回、コロナが出た事で、そういう状況の中での外食のあり方、外食が提供できることは何でしょうか。

菊地　こういう状況なので、対策が甘いとお客様からは怒られます。われわれ自身も、苦しい、難しい中でやっているわけですが、私が，社内でよく言っているのは、今回のコロナの問題というのは、東日本大震災に比べて何が違うのかと言うと、あのときのキーワードは「絆と連帯」でした。自然の猛威に対して、人は連帯していこうということでした。しかし、今回のコロナはまったくその逆です。「分断」です。うちの県には来ないでくれ、あの県はひどい。人が仲介する災害だから分断が起きているのだと思います。しかし、コロナが終わった後は必ず回復のステージになってくると思います。

レストランの語源であるレストレールというのは、フランス語で回復する食事という意味。ホスピタリティはラテン語のホスピスで看護する・回復させるという意味があります。われわれが大事にしているレストランとか、ホスピタリティという言葉は、人の心や体だけではなくて、物事を回復させるという意味があって、それが、われわれが持っている本源的な価値だと思います。ただ、それを発揮できるタイミングが、今はまだ来ていないのでしょう。なぜなら、患者数が増えている間は、回復というキーワードは経済を回せないのと一緒です。やはり、回復のステージになって、われわれの役割が来るということを頭に入れておかなければなりません。今は、限られた座席の中で、やっぱり外食っていいよねということを感じていただく。家内も、家でつくるのは飽きたと言っています。そうした中で、数少ない機会にレストランに来て、少しでも癒し、外食ならではの喜びを感じてほしいと思います。

――外食、中食、内食のボーダーレス化で、新規にお客さんを開拓に必要なことはどんなことでしょうか。また、農業との関わりについて、ウーバー・イーツの外食・農業版というお話をされました。その場合、チェーン展開をしている外食では、店舗ごとに地域の農業と関わっていくということを考えているのですか。

菊地　当社のセントラルキッチンでつくった食事をご自宅で召し上がっていただくものとして、「ロイヤル・デリ」を去年の一二月にスタートしたところ、コロナが起きて、爆発的に売れました。コロナが終ったらもとに戻ってしまう可能性もありますが、さらなる展開も考えられます。例えば、店舗に置いて置くだけではなく、外食産業以外のいろいろなパートナーと組んでいくということがあります。まだはっきりとは言えませんが、たとえば高機能の電子レンジを持っている家電メーカーさんと組んで、その電子レンジでこの食事をつくると美味しくできますということも考えています。サブスクリプション・モデルのようなかたちです。当然、わが社のＥＣサイトや店舗にも置きますが、それだけではなくて、今までの顧客獲得のツールではない所を探していかなければなりません。スーパーマーケットなどの店舗に置くのも一つの手だとは思いますが、そうすると、どうしても値引き競争になってしまう。そうではなくて、今までは考えられないようなパートナーと組んで、顧客獲得をしていき、そしてリピート率を上げていくことを考えています。そうしたことを、いろいろなパートナーと議論をしているところです。

外食・農業版ウーバー・イーツについては、まだ私のアイデアでしかありません。ロイヤルホストのそれぞれの地域ごとに、例えば、九州のこの領域はここから調達しようといったように大きな範囲からの調達はできますが、これから、よりサプライチェーンがうまく機能するようになれば、このサラダはこの地域でつくったものですといったことは、将来的には充分できてくるでしょう。しかし農業は、季節があって産地が移動していきますので、その中で最低限の調達がどこまでできるかが課題だと思います。

――例えば、銀座で店舗の立地を三等立地にすると、どんな所に立地されるでしょうか。

菊地　銀座であれば、大通りに面している所が一等地で、そこはものすごく家賃が高い。一本裏道に入っても、一階は高いかもしれません。でも、二階は安いので、そこにキッチンだけをつくれば、デリバリーでいけます。お客様がそこに来ていただく必要はないので、キッチンだけつくって、スマホのオーダーに対してデリバリーをしていくというかたちです。すべてがそうなるわけではありませんが、そういったものにどんどん代替されていくということが、これから起こるのではないかと思います。

今、飲食各社の閉店が続いていますが、これはまだ始まったばかりだと思っています。今、閉めている店舗というのは、コロナ前から採算的にはあまり良くなかった所で、それが、コロナの影響もあって、一気にやめたほうがいいということになったわけです。これから起きるのは、コロナ前は良かったのだがコロナで駄目になった店舗です。これが次のステップでしょうが、このインパクトはすごく大きいのではないかと思います。

―― この時代だからこそ、という外食ビジネスが出てくる可能性はありますか。

菊地 大いにあると思います。こういうときにしか生まれないモデルとして、ゴースト・レストランは一つの類型だと思います。キッチンだけあって、それをみんなが使い合うというかたちもあるでしょう。そういうものが生まれてくると思います。ちょっと面白い事というのは、平時だったら絶対考えつかないようなアイデアです。しかし、やってみたら意外とうまくいった、というのが、新しいモデルが生まれるきっかけなんだろうと思います。

―― ロイヤルとして、農業生産に乗り出すお考えはありますか。

菊地 まったく同じ質問を従業員から受けたことがあります。私は、われわれのような会社が農業を直接やって、ほんとうにうまくいくのかと疑問に思っています。ですから、今の段階では、自ら農業に直接乗り出すよりも、信頼できるパートナーとの連携のネットワークをつくっていくほうが有効ではないかと思っています。ワタミさんのように、農業に積極的に乗り出している外食企業もありますが、うまくいっているのでしょうか。

―― ケースバイケースでしょうが、そのお陰でうまくまわっている地域の生産者も少なくはないので、一概に全てを否定できないだろうと思います。しかし、対等な関係をきちんと築けるかどうかというのが、ポイントではないかと思います。

菊地　それが、われわれのこれからの一つのテーマだと思います。これまで農業のプロジェクトに参加しませんかというお話をけっこういただいていたのですが、あまり積極的には対応しませんでした。ただ、先ほど申し上げたようにそれぞれの地域で、地産地消が当たり前になってきたら、その地域ごとに実践していくということも今後の可能性としてはあるのではないか。そして、そこでできたものをどんどん店舗に出していく。これも発展形として充分あり得るのではないか。ただ、全国規模でやるにはなかなか難しいのだろうと思います。

――デリバリーが今後進展していくと見ておられますが、食品ロスやゴミの問題にも留意すべきだろうと思います。どうお考えでしょうか。

菊地　わが社でもプロジェクトをつくり、グループの全事業でフードロスを少しでも削減しようと取り組みをしています。特にテイクアウトやデリバリーでは、容器やプラスチックの問題が出てきます。もっとも今は、コロナで売上が半分あるいは三分の一という状況なので、テイクアウトなどは緊急避難的にある程度やっている部分もあり、今はロスのことばかり言っていられる状況ではありません。

しかし、コロナが落ち着いて、ほんとうにビジネスとしてテイクアウトやデリバリーをやるとなると、当然、フードロスや容器の問題が起きないようなモデルが求められます。例えば、テイクアウトに自分の容器を持ってきたら割引するといったことが、当たり前の社会になっていくのではないかと思います。ＳＤＧｓなどのような大きな流れから考えると、その中での取り組みをわれわれ自身も考えなければいけないと思います。

――二〇〇九年に農地法が改正され、企業が農業に参入しやすくなりました。いろいろな企業が農業に参入しましたが、参入企業の話を聞くと、農家人口が減ってきて、自分達が望む農産物をつくってくれる所が今後少なくなってくる。安定的な供給を確保するためにも、自分達で農業に乗り出しています。産地交流会などでは、どのようにお感じになりますか。

菊地　ロイヤルホストの大きな強みの一つは、コックがいるということです。コックがいるということは、スペックの画一性は必ずしも必要ではないということです。もちろん、コックのレベルは上げなければなりません。そのときに調達できる物の中から、最適な物をつくっていくという考え方もできると思います。そうではなくて、この食材でしかできませんということであれば、絶対自分で農業をやらなければいけません。ある程度の許容があればやり方によってはもっと美味しくできるというのが、ロイヤルホストが本来志向すべきものではないかと思っています。もっとも、「てんや」では中国野菜を使わざるを得なくなってしまっています。自ら調理をしている個店の人は、スペックにあまりこだわりません。調理人が社内にいるというロイヤルの強みを発揮するのであれば、調達のところでも強みの発揮の仕方があるのではないかと感じました。

調達に関しては、ロイヤルホストの店舗数が少ないこともあって、比較的、不自由なくできる状況にあります。シズラーも、一〇〇店舗もあったら調達はすごく難しかったでしょうが、今では十数店しかありませんから、調達も楽です。この店舗数が少ないことの強みを生かすことが、戦略的には有効だろうと思っています。もし、ロイヤルホストを昔のように五〇〇店、一〇〇〇店へと拡大することを目指すのであれば、供給基地を自分達でつくったほうがいい、という戦略になるかもしれません。ただ私は、ロイヤルホストはもうそんなに店舗数を増やすべきではないと思っていますし、逆に、減ったほうがいいのではないかというぐらいの志向を持っています。それが、これからの成長戦略とも結び付くのではないかと思います。

――外食、中食、内食のボーダーレス化において、食材を加工するセクターとの関係はどう変わっていくのでしょうか。

菊地　外食産業は非常に多様な業界なので、なかなか一口では言えません。われわれは冷凍の食材をつくっていますが、これを他の外食に卸すこともできます。現在、個包装にして、お客様に直接小売していますが、他の外食企業調理の食材としても使えます。これは、ある意味で外食が食品加工をしているかたちです。そのように、入り乱れていく姿がこれから想定されるのではないでしょうか。今までは、外食は加工品の供給を受ける側でしたが、加工品を提供する側になる可能性もあります。逆に、食品加工と外食がもっと連携を深めていくことがあるかもしれません。より違ったパートナーシップの可能性が生まれてくるのが、これから想像される世界だと思います。

――ワタミが農業のテーマパークをつくるという話題がありますが、広い意味で、健康で健全な食の提供については、どのようにお考えでしょうか。

菊地　健康が一つのキーワードであることは間違いありません。しかし、まだそれが大きな部分を占めるわけではありません。飲食店はこれまではマスマーケットで勝負をしてきたわけですが、マスマーケットがどんどん分解されてきて、ロングテールといって、それぞれが個性を求め始めています。そうした個性の一つに、健康というキーワードも入ってくるのでしょう。でも、ロイヤルホストが全部健康メニューにしたら、たぶんお客様は来なくなるでしょう。しかし、メニューの中に一品もしくは数品、健康を非常に意識したアイテムを導入することによって、健康志向のお客様も来やすくなります。お客様のニーズが今までのように画一性ではなく多様になっていくので、ファミレスは、そういったものをメニューの中にコンビネーションとして入れられるのです。

ロイヤルでは、今度、ビーガン・メニューを出していきます。そのように、ファミレスならではの健康というキーワードというのは充分ありうるのではないかと思います。そこに、コックがいるという価値をいかにつけていくかが、大事になってきます。もっと機動的に、お客様のその日のニーズに合わせて料理をつくるというように、古典的な展開が一番いいのでしょうが、基本は、ロイヤルホストができる健康とはなにかをテーマにやっていくことだと思います。

――単に食の供給だけではなく、農業の現場を知ることで、食と農のつながりが強くなっていくと思いますが。

菊地　今年は残念ながら農業体験があまりできていませんが、体験会には、すでに二〇〇人以上が参加しています。農業現場で何が起きているかを知った上で、お客様に食材を調理してサービスしています。シズラーでは、ベジフル・キッズ、朝収穫した野菜を解説しながらお客様に提供しています。それも、店舗数が少ないからできるモデルです。マスではない強みを生かしていくことの究極は、たぶん、地域に根ざしたモデルでしょう。マスを目指した産業化、チェーン化の限界が出てきて、今後それに一気に拍車がかかるのではないかと感じています。

――テイクアウトとデリバリーの構成比は今後どの程度まで上がっていくと見ておられますか。

菊地　業態によって構成比はばらつきがあると思いますが、今、取り組みが増えているのは、原価割れしてもやっているからでしょう。相当な無理をしてやっているのではないかと思います。イート・インが絶対無理な状況で、とにかく少しでも売上を上げたいという発想です。平常時になれば、だいぶ減ると思います。例えば、てんやでは、コロナが起きる前はテイクアウトは三割ぐらいでした。それがいったん五〇％くらいまで上がって、結果的に四〇％に収れんしています。今のような状況がそのまま残ることは絶対あり得ません。そして、これからは、テイクアウト用の商品開発が大事になってくると思います。

――ロイヤルホストではどのようなお米を調達しているのでしょうか。

菊地　ロイヤルホストでは、秋田と熊本の生産者と契約して、特定の米を指定して、ずっと取引をしてきています。「てんや」では、価格が重要ですので、いろいろなものをブレンドして使っています。ロイヤルホストは、お米の品質にこだわっているので、特定のＪＡと連携して固定的に調達しています。かつて、「てんや」の米を替えたら、お客様から酷評されました。やはり、米は大事です。

（二〇二〇・七・三一）

119　消費の現場はどう変わるか

感染症の時代をどう生きるか

コロナ時代の新しい社会の見取り図

長崎大学熱帯医学研究所 教授
山本 太郎

まだ、どういったウイルスなのか、これがどう社会に影響を与えるかということについては、今、確実にわかっているわけではありません。現時点でわかっていること、あるいは現時点で考えていることを、皆さんと共有して、その上で、どんな社会をつくっていくのか、そして、これから何が起こるのかを考えることができればと思っています。よろしくお願いします。

私は医師としてもともと、ウイルス学を専攻した後、公衆衛生、特に開発途上国の公衆衛生を勉強しました。長崎大学と東京大学で勉強し、それを実践する場として、アフリカのジンバブエで感染症対策に取り組み、日本に帰って来て、大学で教えたり、アメリカに留学したり、ハイチでエイズの研究もしました。主にアカデミアの中で、研究をメインにやってきたのですが、ハイチに行っているとき、ちょうど内戦に遭遇しました。渡航が許され、ニューヨークに出たとき、日本の外務省から医学の国際交流で若い人が欲しいというので、行ってみてはどうかと誘われ、三年間外務省で働きました。その当時、二〇〇四年から二〇〇七年は、地球温暖化とアフリカの開発が国際的なアジェンダでした。アフリカの開発をやるには感染症を何とかしなければいけないということで、私が行ったわけです。その間に、鳥インフルエンザがアジアで流行して、そのときに、流行したときに邦人保護をどうするか、何を引き上げて何を残してネットワークを維持するかなどに取り組んできました。そうした経験が今回の話にもつながってくるのではないかと思っています。そうした三年間の任期が終って、今は、長崎大学熱帯医学研究所におります。

私は、社会貢献として人づくりや現場での活動と同時に、国際緊急支援もおこなっています。地震や津波の後に、支援に行ったりしています。感染症では、ハイチのコレラのアウトブレークやコンゴのエボラ対策にも行きました。二〇一〇年のハイチの地震のときは、国際緊急援助隊として現地に入って二週間ぐらい活動しました。このときは、私はクーデターの後の内線からハイチを離れて六年ぶりくらいに行きましたが、一変していた風景を見て感慨深いものがありました。こうした自然災害が起こると、安全な水へのアクセスや感染症の心配をしていましたが、このときは半年後にコレラが大流行して、二〇万人が三か月でコレラに見舞われました。支援ができる人はみんなハイチに行って支援して欲しいと。こういうときには、国連の事務総長などから国際社会に向けて緊急アピールが出るのですが、その要請に応じる形でＮＧＯと一緒にハイチに入りました。広場に国連が提供してくれるテントを建てて、ベッドを置いて、中程度の患者さんを診ました。ベッドの下にバケツを置いて、下痢の量を見ながら点滴をしていくというのが、基本的な戦略でした。

東日本大震災のとき、ちょうど出張で東京に行っていて、神保町で被災し、杉並の自宅まで歩いて帰りました。帰ったら、学長から電話があって、長崎に帰って来なくていいから、東北に行って来いと言われて、翌日に東北に向かいました。そのときは、二つのことをやって来いと言われました。一つは、支援のための拠点をつくって災害支援をおこなうこと。もう一つは、大学として何をやったらいいかという情報を集めることでした。長崎は、この間の八月九日で、被爆から七五年です。大学には国際被爆センターがあって、私が岩手に行くと同時に、五人の医師・看護士が福島に入って、支援をしていくことになりました。地震の三日後には、水産学部の練習船に物資を積んで、被災地向けて出発しています。東北自動車道は当時通行止めだったので、関越道で新潟に出て、磐越道で仙台に入って、北に上がって行きましたが、ちょうど仙台に入ったときに、福島の原発の水素爆発がありました。それでも、北に行って支援しようということで、岩手に入って、三月の終わりまで支援して、ＮＧＯに引き継いで帰って来ました。

こうした社会貢献活動をすると同時に研究もやっていて、それには四つの大きな柱があります。一つは環境医学で、気候変動や森林伐採などの開発に伴う土地利用の変化が、疾病にどのように影響するのかをマクロに見ていきます。また、医療生態学というのをやっていて、主に感染症を中心にしています。感染症というのは、病原体である微生物と宿主であるヒトの相互作用の結果です。医学は、そうした生物同士の相互作用を人間の視点からしか見ていなかったのですが、それを、病原体の視点あるいはそれを媒介する昆虫の視点から見るとどうなるかということを考えていこうというものです。今日の話にも通じます。それは主に数理モデルを使って研究をしています。

さらに、感染分子進化というのは、ウイルスや細菌がいつヒト社会に入ってきて、どのように拡がっていったかを病原体の遺伝子に描かれた情報をもとに推測する研究もやっています。それは、結核やハンセン病、ヒトのレトロ・ウイルスですが、成人T細胞白血病という病気を起こすウイルスなどで行っています。研究は今ではかなり精密になってきていて、ＨＩＶの場合、一九二一年プラスマイナス一年ぐらいにアフリカのチンパンジーから、おそらくコンゴ民主共和国と中央アフリカ共和国の国境辺りでヒトに入ったウイルスが、その後半世紀ぐらいを経て、パンデミックを起こして六〇〇〇万人の感染を出したことがわかってきています。また、感染症に関して、疾病史という歴史も少しやっています。

こうした研究は、遺伝子に描かれた情報を読み取って、それを再構築して、何が起こったかを見ようという意味で、目的は一緒で使う手法が違うだけで、理系とか文系とかはあまり関係ないというのが、私達のスタンスです。一例を紹介すると、インド洋で海水温が上下する気候現象がありますが、海水温が上がると水蒸気が上がって、それが偏東風に乗って東アフリカに運ばれて、時間差で、マラリアの発生が増えるということを調べた研究があります。

そうした研究を通して、われわれがやりたいと思っているのが、時間軸と空間軸の中で、疾病や感染症の再構築をやってみることです。ポール・ゴーギャンが一八九七年にタヒチで描いた絵がありますが、「われわれはどこから来て、何者で、どこへいくのか」というタイトルがつけられています。その疑問に応えることができればと思って、研究しています。

新型コロナウイルスの姿を解明

新型コロナ感染症を起こすウイルスは、ＣＯＶＩＤ‐19とかＳＡＲＳ‐ＣＯＶ2とか言われています。ほかのコロナウイルスもほぼ共通の性質を持っていて、ウイルスの表面に突起が出ていて、それが王冠のクラウンに似ていることから、クラウン→コロナということで、コロナウイルスという名前がついています。表面は、脂質の二重膜で覆われていて、これは何を意味するかというと、アルコールの消毒が有効であることを意味します。ウイルス自身の遺伝子は、一本鎖ＲＮＡでできているＲＮＡウイルスと言われるもので、ＤＮＡでなくＲＮＡで、しかも一本鎖ということは比較的変異がし易いウイルスだということで、ワクチンの開発に関しては、常に変異のことを考えなければいけないということをわれわれに教えてくれます。

そうしたコロナウイルスですが、実は、今回の新型コロナウイルスがわれわれの身の回りにある初めてのウイルスではなくて、われわれには今までにも四つくらい、すでに、ヒト・コロナウイルスという風邪のような症状を起こすウイルスが知られています。それに加えて、今回の新型コロナウイルスがあるわけです。二〇〇三年から二〇〇四年にかけて流行したＳＡＲＳ・コロナウイルスもありますし、中東のラクダからきただろうと言われているＭＥＲＳ・コロナウイルスもあって、全部で七つくらいのコロナウイルスが知られています。それらを、遺伝子解析でグループ分けしてみると、ヒト・コロナウイルスと言われている、風邪の症状でもあまり重症化しないコロナウイルスはずっと別のところにあって、サーズと今回の新型コロナウイルスは同じグループです。ラクダからきて、わりと重症な肺炎を起こす中東呼吸器症候群も比較的近いところにあるウイルスだということがわかっています。

今まで知られているヒト・コロナウイルスの主な症状は、鼻炎や上気道炎であまり重症化することはありません。潜伏期間は二日〜四日です。特定の治療薬もワクチンもなく、感染を避けるためには、手洗いなどの手指衛生やせきやくしゃみによる感染を避けることが重要だと言われています。感染経路に関しては、ＳＡＲＳ、ＭＥＲＳ、今回の新型コロナウイルスもほぼヒト・コロナウイルスと一緒で、それに加えて、現在は、便の中にウイルスがいると言われていて、便からも感染があるかもしれないと言われています。これまでのヒト・コロナウイルスとの違いは、潜伏期間がやや長いことです。ヒト・コロナウイルスと言われているもののほうが、宿主であるヒトに適応しているのかもしれないと考えています。また、今までのヒト・コロナウイルスは重症化しませんが、今回のコロナウイルスやＳＡＲＳ、ＭＥＲＳは肺炎や腎炎を起こして重症化して、命に関わる。ＳＡＲＳやＭＥＲＳに比べて、新型コロナウイルスの一番大きな違いは、ＳＡＲＳやＭＥＲＳのウイルスは症状が出てから感染が起こりますが、新型コロナウイルスは症状が出る二日くらい前から感染が起こり、無症状のときから感染が起こっていくことです。症状が出てから感染が起こるのであれば、水際対策や隔離も比較的やりやすいので、対策にとっては大きな違いとなります。

　二〇〇三年に流行したＳＡＲＳでは、トータルで八〇〇〇人くらいが感染して七〇〇人くらいが死亡しましたので、致死率は一〇％くらいです。なぜこれの封じ込めに成功したかと言うと、重症化した人が感染源になるからその人を隔離すればよかったということでした。もう一つ、ＳＡＲＳの経験からわかったことは、感染をみんなが平等に拡げるわけではなくて、感染をたくさん広げるスーパー・スプレッダー（ばら撒き人）と言われる人がいる一方で、ほとんど感染を拡げない人が大半を占めるという流行の状況になるということです。今回の新型コロナウイルスについても、ＳＡＲＳほどではないかもしれないけれども、みんなが一様に感染源になるわけではなくて、感染源になりやすい人となりにくい人がいるということが言われています。それが、今のクラスター対策をとる一つの理論的な背景になっているわけです。

皆さん、日々のニュースで見ているのでよくご存知だと思いますが、二〇一九年一二月頃に中国の武漢から始まって、七か月後の今、世界全体で見ると、二〇〇〇万人を超える感染者が出て、死亡者が七〇万人を超えました。現在の数字で言えば、致死率は三％ぐらいと考えられます。

ウイルスにどう向き合うべきか

おそらく、今回の新型コロナウイルスを根絶することは難しいでしょう。根絶できないとすれば、わたしたちはこのウイルスにどう向き合うべきかというのが、今、最も問われていることだと思います。それを考えるには、今回のコロナウイルス感染症が、最終的にどんなかたちになって収束していくかということを知る必要があるし、それまでにどれくらいの時間が必要なのかを知ることが必要になると思います。それを、歴史の中に見てみたいと思います。

一九一八年から一九年にかけて、世界的な流行を引き起こしたスペイン・インフルエンザの状況を見てみます。その起源には諸説ありますが、大きく、アメリカの東海岸でまず目に見える流行が始まりました。一九一八年は、それまでは、ヨーロッパの政治事情には介入しないといっていたアメリカが初めて第一次世界大戦に参戦を決めた年で、若い兵士が東海岸から船でヨーロッパに行きました。ヨーロッパの前線では、塹壕や兵舎が今でいう三密の状態で、爆発的に拡がりました。ヨーロッパで拡がった流行は、ロシア、アフリカ、そしてアジアに拡まって、世界を一周するのに要した時間は六か月くらいだったと言われています。このときの流行は、一九一八年、一九年、そして二〇年の初期くらいまで三回の流行があって、一〇〇年前の当時、世界人口は二〇億人くらいでしたが、その人口のうち五〜六億人が最終的に感染して、終息し、季節性のインフルエンザなったと言われています。人口の二五%〜三〇%ぐらいが免疫を持つことによって終息したわけです。当時の日本の人口は五五〇〇万人くらいでしたが、二四〇〇万人くらいの人が感染して、最終的に終息しました。割合でいうと四〇%弱ぐらいで、それくらいの人が集団免疫をもつことによって、初めて終息したということがわかります。

それらは、われわれにいろいろなことを教えてくれます。個人的には、そういった、集団が一定程度の免疫を獲得することによってしか、今回のパンデミックは終息しないだろうと思っています。新型コロナウイルスは飛まつ感染で、わたしたちはずっとそれを逃れるわけにもいきません。ただし、集団免疫を獲得するに至る道には、いくつかの方法があります。

一つは、極端に言うと、対策をまったくとることなく、感染の広がりを許容して、集団免疫の獲得を目指すことで、スウェーデンがとっている戦略に近いものです。その利点は、集団免疫が獲得できるまでの時間が短いことです。しかし、医療崩壊が起こったり、社会インフラの維持が困難になるケースが出てきます。二つ目は、感染の制御をしながら、穏やかに集団免疫の獲得を目指すことで、アメリカやヨーロッパ、日本など世界の多くの国がとっている戦略です。この利点は、医療や社会インフラの破綻を避けつつ、集団免疫を獲得していくことができることです。一方、終息までは時間がかかります。緩やかな感染で同じ集団免疫を獲得するには時間がかかるのです。医療崩壊が起きたり、社会インフラの破綻が日常的になると、弱い人たちを守っていかなくてはいけないという、われわれが持つべき基本的な倫理観が失われる恐れもあります。その意味では感染を制御しながら緩やかな流行のなかで集団免疫を目指していく方法が必要なのではないかと考えています。

さらに言えばこうした緩やかな流行は、病原体であるウイルスを強毒化させないことがわかっています。ウイルスは宿主がいないと生存できないので、強毒で致死率が高く感染力の強いウイルスは、感染する相手を見つける前に宿主を殺してしまって、流行を拡げることができません。ゆるやかな流行を維持していれば、強毒で致死率が高く感染力の強いウイルスを選択する圧力が弱くなるという意味で、もうひとつの生物学的な意義があります。

ウイルスの目線で考えてみる

そうした状況の中で、もういちど立ち止まって考えることも必要です。先ほど、感染症は病原体としての微生物と宿主としての生物の相互作用と言いましたが、ウイルス目線で見ると、今の感染症の見え方が違ってきます。そもそもウイルスというのは、その生存に宿主の存在は絶対的に必要なものです。とすれば究極的に、宿主の存在を否定する方向への進化をすることは考えにくい。宿主の生存可能性を担保するような方向への進化をするのだろうと考えられます。

一方、そこに至るまでは少し時間がかかることも事実です。ヒトでもそうでしょうが、最初に出会ったときはなかなか、相手がどういう人で何を考えているかはわからないので、折り合いをつけるには少し時間がかかることもあります。でも究極的には、ウイルスは、われわれを絶滅させようと思って進化するわけではありません。その証拠がいくつかあります。宿主に病気を起こすウイルスというのは、ウイルス全体のごくわずかだということがわかっていますし、われわれの体に内在化したウイルスはかなりたくさんあり、ＤＮＡの割合では半分くらいあるとも言われています。そうしたものが、外来からのウイルスに防御的に働いていると言います。ウイルスが進化してできるものが哺乳類の胎盤ですが、それは、母のお腹の中にいる子どもを母親の免疫から守ることに貢献していることもわかってきています。大気の二酸化炭素の循環にもウイルスが貢献しているという説もあります。

このように、ウイルスの存在そのものが、われわれにとって基本的にはいいことをしていているわけです。個人的に言えば、病気を引き起こすごくわずかなウイルスでさえ、自然生態系のシステムを頑強にするという意味で何らかの貢献をしている可能性はないのかと考えることもあります。

新型コロナの世界的流行が起こったとき、世界の多くの指導者が「これは戦争だ。その闘いに勝利するために、われわれは頑張るんだ」と言いましたが、この言葉に、当初から非常に違和感を覚え、何がその根底にあったのかと考えてみました。これを戦争だと考えると、倒すべき相手がいるはずです。倒すべき相手はウイルスなのか。しかし、今のパンデミックの状況では、倒すべき相手がいるわけではなくて、われわれには守るべき相手しかいません。守るべき相手は、感染をした人たちや今回のパンデミックで社会的に困窮した人たちです。そういう人を守りながら、集団として免疫を獲得していくことを目指すのです。ですから、決してウイルスを根絶する話ではないのではないかと思いました。

　これが戦争だとすると、ウイルスとの闘いの勝利は何を意味するのか。それは、ウイルスの根絶なのか。東京大学の加藤陽子教授は、著書『日本人はそれでも戦争を選んだ』の中で、戦争は相手の基本的な秩序の書き換えを目標としておこなうものと言っています。そうすると、ウイルスの基本的な秩序の書き換えというのは果たしてできることなのか。ウイルス目線で見たとき、宿主と微生物との状況からして、それをおこなうべきことなのかを考えてみました。そうすると、そこには共存に至る道を考えていくことが必要だったのではないかと思いました。戦争だと宣言したため、戦争に勝つまでは我慢しなさいということで、自粛警察も出てきて、社会が息苦しくなったような気もします。しかし、それは共存するまでの時間は少し我慢しなきゃいけない、その先にはこういう世界があると考えられれば、もっと違ったメッセージが出るかもしれないと思うことがあります。

　最近の微生物学は、感染症の概念そのものを変えつつあります。ヒト・マイクロバイオームは、ヒトに常在する細菌や微生物のことですが、ヒト一人の中に、常在する微生物は一〇〇兆個くらい、重さにして二キログラムぐらいあり、それは心臓などの臓器に匹敵するくらいの重量です。それが、三〇〇万個くらいの遺伝子を常に発現していて、ヒトと会話しながら生きています。そうした微生物は、ヒトの感情にも影響を与えるし、そうした微生物のかく乱や消失はヒトの健康にも非常に大きな影響を与えることが、最近わかってきました。その一例として、アメリカでの抗生物質の使用量と肥満の関係を見ると、抗生物質の使用量の多い地域で肥満や糖尿病が増えてきていることを示唆しています。抗生物質の使用量は、われわれに常在する細菌のかく乱の度合いを意味しているのかもしれません。

細菌も含めて一緒に生きている

現代は、肥満、糖尿病、自閉症、食物アレルギー、花粉症などが、すごく増えてきています。これらの共通する原因を見つけることはできていませんが、唯一、共通するものがあるとすれば、これらの病気は過去三〇年から五〇年くらい、抗生物質が非常に使われた時代と一致して増えてきています。これは、こうしたものによる常在細菌のかく乱が影響しているのかも知れないということを教えてくれます。抗生物質の使用は、今ではヒトへの医学的な使用以上に畜産分野で多く使われています。畜産分野の中の抗生物質使用のかなりの部分は、感染症を防ぐというよりも動物の体を大きくするために使われていて、ヨーロッパや日本では禁止の方向に向かっています。

ウイルスとの戦争ではなくて、共存・共生が大切だと言ってきましたが、そうしたことはずっと前から微生物がおこなっています。われわれの体の中には、たくさんの微生物がいて、そうした微生物はわれわれがいなくても存在可能なのですが、私たちは、そうした微生物がいないと生存できません。私たちは固有のものからできていると今まで思ってきましたが、「私」は私固有のものではなくて、そうした、一緒に生きている細菌も含めて「私」なのかもしれません。そのような、哲学的なことも細菌は教えてくれます。

そうした常在菌の不在が病気を引き起こすとすれば、それは近代医学の大きな転換点を意味していると思っています。近代医学や細菌学は、病気が起こって、そこに病原体を見つけて、それをやっつけていこうというもので、パスツールやコッホ以来ずっとそうしてきました。しかし、その存在がなくなることによって、引き起こされる病気があるとすれば、そのロジックでは対応できません。現実に、そういったことが起こりつつあるのかもしれません。さらに言うと、それがなくなってみないとわからないという、非常に大きな問題をわれわれに突きつけてきます。二一世紀の公衆衛生学の課題としては、微生物との共生をおこなうべきということになるのではないかと思っています。

一方、共生はいいことばかりではありません。そこには、ある種のコストがかかり、それをどうするかという問題が依然として残ります。例えば、コロンブスが新大陸を再発見した後で、ユーラシア大陸に住んでいたヨーロッパ人と新大陸に住んでいた先住民の人が、初めて接触したら、ヨーロッパ人の持っていた感染症によって、新大陸の住民の人たちがたくさん亡くなりました。一方的に新大陸の住民が亡くなったのです。ヨーロッパ人の持っていた感染症のプロファイルが、新大陸の先住民の人たちよりはるかにバラエティに富んでいたということによります。

感染症を持っている社会というのは、その流行によって毎年影響を受けることがありますが、感染症を持たない社会はひとたび感染症が持ち込まれると大きな被害を受けます。まさに、われわれが今、新型コロナで経験していることで、こうした問題をどう考えるかを提起していると考えられます。

一方、人間が自然の一部である限り、新たな感染症の出現がなくならないのも事実です。ですから、常に、われわれは新しい感染症に対してどう向き合うかを考えていかなければならないと思います。それを示唆する研究があります。一つは、アマゾンの先住民の人たちを対象におこなった研究です。そこには、インフルエンザやはしかといった急性の感染症はほとんどありませんでした。また、大西洋のフェロー諸島は人口八〇〇〇人くらいでしたが、一八四六年にはしかの大流行が起こります。それは外から捕鯨に来た人が持ち込み、大流行したものでした。その前の流行が六五年くらい前で、その間、まったく流行はありませんでした。この二つの話は、感染症と人類史について、いくつかの示唆を与えます。

この二〇年矢継早に出てくる感染症

感染症が恒常的に流行するには、数十万人規模の人口が必要だということが、これからわかります。数千人規模の人口だと、感染症の流行は基本的に起こりません。農耕が始まる前の狩猟採集民の生活を想像すると、一〇〇人程度の血縁を中心とした人たちが暮らしていて、その集団は散在している自然資源を採集しています。そこに、今回の新型コロナウイルスが、ある集団にたまたま入ってきたとしても、その集団の大半にあっという間に感染して、次の行き場所をなくして、その感染症は消えていきます。そうした感染症がヒト社会に定着するには、数十万人規模の人口が最低必要です。そうした状況を満たすようになったのが、一二〇〇〇～一三〇〇〇年くらい前の、農耕の開始だったと言われています。農耕の開始は、食料の増産と定住を通して人口の増加に寄与しました。ほぼ同時に起こった、野生動物の家畜化は、野生動物とヒトとの距離を縮めることによって、本来野生動物を自然宿主としていたウイルスなどがヒトに入ってくるきっかけを提供しました。そこに、増加した人口がいて、はしかや天然痘、インフルエンザなどがヒト社会に定着することになりました。

そうした意味では、数十万年、数百万年の人類の歴史の中で言えば、こうした急性の感染症が出てきたのは相当新しい出来事なのです。はしかは牛や犬から、天然痘は牛から、インフルエンザはアヒルから、百日咳は豚や犬からきただろうと考えられています。ほぼ一万二〇〇〇年くらい前に、網羅的に、野生動物の家畜化がおこなわれて、それ以降はあまり家畜化されてたものはないと言われています。そのときが、ヒトが一気に感染症をもった時期に相当するのだろうと思います。

　ウイルスも、すぐヒト社会に定着できるわけではなくて、ウイルスもヒト適応型になる必要があります。それにはいくつかの段階を要し、最初は少し感染するけど、ヒトからヒトへは移らない感染症です、二番目に、野生動物からヒトに感染するものの、ヒトからヒトへも少しだけ感染するものの、そのうち消えていくという感染症があります。かなり進んで、ヒトからヒトへ移るものの効率は悪い、エボラ出血熱やサーズ、マーズといったものが相当します。

　次の段階として、ヒトに入って来てその中で変化を繰り返しながら、ヒト型として流行するもので、今回の新型コロナウイルスが該当します。そうした適応の段階を通って定着していくと考えられます。過去五〇年あるいは一〇〇年という期間を見ると、一万年位前から感染症はあるものの、エボラやエイズ、サーズ、新型コロナウイルス感染症など、最近は発生の頻度が高くなっているのかもしれません。アジアを中心にして流行った、鳥インフルエンザのようなものも出てきています。人類がこうした、ヒト型のコロナウイルスを持つようになってくると、今は重症化しないコロナウイルスもかつては野生動物からきて、ある時点でヒトの中に入ってきて、それがパンデミックになって、集団免疫を持つことによって終息していきました。一万数千年で進化してきたのが、この二〇年くらいでＳＡＲＳ、ＭＥＲＳ、新型ウイルスと矢継ぎ早に出てくるのは、明らかに度を超えています。それは、動物とヒトとの距離が近くなっていることを意味するのかもしれません。地球温暖化による生態系の混乱・破壊、開発による生息域の減少などによるものなのかもしれないと思っています。

ウィズ・コロナ時代はどうなるのか

パンデミックがときに社会変革の先駆けになることを、歴史が私たちに教えてくれます。例えば、中世ヨーロッパのペストの場合、一四世紀のヨーロッパで二五〇〇万から三〇〇〇万人が亡くなり、それは人口の四分の一から三分の一くらいに相当します。人口の減少が賃金の上昇をもたらし、それが、農奴が流動的になる一つの要因となって、荘園制の崩壊が進みました。また、ペストを防ぐことができなかった教会の権威が失墜する一方で、強制的な隔離という力をもつ国家の意識が台頭してきました。さらに、人材の払底が新たな人材の登用をもたらすなどもあって、社会の枠組みが変わっていきました。そうして、ヨーロッパでは封建身分制度が解体に至り、近代が始まったといわれます。こういった変化がパンデミックによって起こります。

しかし、こうした変化は突然に現れるわけではなくて、時間を早回しするように起こるのではないかと考えられます。今、オンラインで話をしていますが、半年あるいは一年前には、こういう形で勉強会をすることは考えられなかったでしょう。たとえ提案しても、まだ早いと言われていたかもしれません。こういう社会が来るだろうと言われていましたが、何年しても実現しなかったことが、一か月で急速にやって来るということが起こりえます。ウィズ・コロナの時代というのは、少なくとも情報技術を中心とした社会になるでしょう。ただ、情報技術はあくまで手段であって、それを使ってどういう社会をつくるかというのは、われわれが考えるべきことだと思います。

今後、世界的な流行が起こるでしょうが、一年くらいの期間でみると、アフリカや南米、南アジアといった新興国や開発途上国で流行する可能性があります。一九一八年から一九年に流行したスペイン風邪の推計死亡者数を見ると、世界全体で五〇〇〇万人から一億人くらいが亡くなったといわれていますが、亡くなったのは、インドやアジア、アフリカ地域が多かったのです。第一次世界大戦中、食料や人員の調達にあたり、スペイン風邪に加えて、食料危機などが要因となっているようです。それは示唆的で、今のアフリカを見ていても、旧来の感染症に加えて、コロナが流行しています。それに立ち向かうには、やはり国際協力が必要だと思っています。

もう少し長い時間軸で見ると、気になることが出てきます。日本の人口の推移を見ると、江戸時代は三〇〇〇万人くらいで安定していて、明治維新からぐっと増えて、一億三〇〇〇万人弱ぐらいでピークを迎えます。二〇一〇年頃がピークです。今起こっていることは、人口が急速に減少してきていて、増加してきたスピードとほぼ同じスピードで減少していくと推計されていることです。これから本格的な少子化・人口減少の社会に入っていくと見られているのです。人類は、戦争や飢饉で人口減少を経験したことはありますが、構造的な人口減少を経験するのは初めてで、経済や感染症を含めて、大激動が始まりつつあります。産業革命の頃から急激に伸びた世界人口が、二〇五〇年から二一〇〇年のどこかでピークを迎え、同じスピードで減少を始める。そういう時代の中で、われわれは、新しいウイズ・コロナの時代を迎えていくのでしょう。

（やまもと　たろう）

〈質　疑〉

――　新型コロナの感染拡大について、世界に比べて、日本やアジアの感染者数が少ないのはなぜだとお考えでしょうか。

山本　日本やアジアで感染者数が少ないかどうかというのは、終わってみないとわかりません。今、アジアでも感染者数がまた増えはじめています。まだ何もわからない状況の中で、不確定な情報だけが先走って、あたかもそうであるように言われるケースが多いようです。

アジアの感染者数がほんとうに少ないかどうかは、まだ注意深く見守る必要があります。一方で、そうだとしても、研究レベルではその原因を突き詰めることは必要かもしれませんが、公衆衛生学的には、今の時点では、そうではないという対策をとるほうが重要だと思います。

―― 二〇一八年の新型インフルエンザのときは何波もありましたが、今回は、集団免疫を獲得するにはどのくらいの期間を要するのでしょうか。

山本　人口の四〇～五〇％が免疫を獲得するのにどのくらいの時間が必要かということです。少なくとも、二年くらいは必要ではないかと思っています。世界の人口の四、五〇％ですから、三〇億人程度が感染するというレベルまで感染が広がるということです。今アメリカで起こっていることは、人口三億三〇〇〇万人のうち検査で陽性となったのが五〇〇万人、不検査の人もいるでしょうから、一〇〇〇万人から一五〇〇万人という単位で感染が起こってくると思います。あと半年、一年あると、アメリカ自体がもしかしたら集団免疫を持つことになるかもしれません。そうした集団免疫をできるだけ緩やかに達成するほうがいいと思っています。そうでないと、今のアメリカのように、部分的にではあっても、医療崩壊が起こる。

一方で、今後、アメリカやブラジル、インドで集団免疫をある程度獲得したとして、貿易や人の行き来を正常化すると、日本は国内対策に成功しているがゆえに、海外から来る人の水際をやらなければいけないという状況になるかもしれません。しかし、どう考えても、感染した人が〇・一％や一％の状況で経済活動を全開にしていくと、おだやかな流行になるとは、過去の例から見ても、そうはなりません。

――今回の新型コロナウイルスは市場経済を実現するグローバル社会に警鐘を与えていると見えないでしょうか。さらに畜産業の生産構造にも問題提起をしているのではないでしょうか。三密は、地球温暖化対策にもつながるのではないでしょうか。

山本　たしかに、今回のコロナはグローバル化の弱点を衝くように流行していて、その意味では、行き過ぎたグローバル化がコロナの流行を後押ししたのは事実です。ロンドンやパリ、ニューヨーク、東京といった所で、流行がひどくなっているということも、それを示しています。ではグローバル化を、今から引き返すことはできませんので、世界が協力していく中で是正していくしかないのではないかと思います。日本でも、県を単位にいろいろな規制がおこなわれましたが、なぜ県単位なのかは誰もよくわかっていません。それが集落単位、九州、北海道という州単位ならまた違うのでしょうが。大きな地域単位での協力が必要である一方、行き過ぎた部分をどう見直していくかということだろうと思います。

畜産に関しては、その通りではないでしょうか。例えば食肉を一キロつくるのにどれくらいの二酸化炭素を使い、穀物を使っているかということを考えると、よくわかります。

社会的距離をとれるということは、かなり豊かな社会です。それは、国レベルでもそうですし、個人レベルでもそうです。そういう意味では、スウェーデンでは集団免疫を獲得するとしていますが、それでも感染が少ないのは、基本的に社会的距離が最初からとれているからです。そういう状況は、アフリカやインドにはありません。そういう状況をすべての人に実現させるのは、地球にかなりの環境負荷をかけると思います。そうはいっても、その解決策は見出していかなければいけないと思っています。

―― 人畜共通の疾病がより身近になり、抗生物質の使用は人体内フローラにも影響を与えているようです。しかし、畜産側での危機感はそう大きくはありませんが、対応としてはどうなのでしょうか。

山本 私は畜産は素人ですが、事実として、抗生物質のかなりの部分が人以外に使われていることはわかっています。これと、どう向き合っていくかということはとても大切です。最初の抗生物質であるペニシリンが一九二八年に発見されて、一九四〇年の後半から実用化されていきますが、その二年後くらいには、成長促進作用がわかってきて、その一二年後ぐらいにはもう家畜に使われ始めています。畜産業がそこからどう離脱していくかは、農業分野の中でも大きな課題ではないでしょうか。

―― 新型インフルエンザのときは、大騒ぎしたほどには深刻な感染拡大はありませんでしたし、ここ二〇年くらいは、大きな感染症はありませんでした。それが、なぜ今回はここまで急速に深刻化したのでしょうか。

山本　二〇世紀における新型インフルエンザの出現パターンを見ると、三回パンデミックが起こっていて、一番大きいときには、五〇〇〇万人から一億人が感染しました。五七年にも一〇〇万人から四〇〇〇万人の人が死亡した風邪アジアがありました。六八年にも同じ程度の人が亡くなった香港風邪がありました。パンデミックは起こらないと思っていたのは、われわれが起こってほしくないと思ってきただけでしょう。

一方、今の社会では、一人ひとりの命の価値が尊重されるようになってきています。そうした考え方のもとで、パンデミックに対応しようと、苦労しているのだろうと思います。今の苦労というのは、われわれが営々とつくりあげてきた、一人ひとりの命を大切にしようという、その成果であり、だからこそきちんと向き合ってそれをやらなければいけない。人が自然の一部であるかぎり、新しい感染症の流行は常に起こりますが、今は、度が過ぎている。同時に、そういうことが起こる中で、われわれはどう社会を築いていくかも考えなければいけません。

――今の対策は、感染者をできるだけ多く発見して隔離することがおこなわれています。そうした対策で、集団免疫の獲得はできるのですか。また、七割に有効なワクチンが提供されれば、集団免疫を獲得したことになりますか。

山本　七割に有効なワクチンがあれば、集団免疫を獲得することになるでしょう。ワクチンの免疫のほうが自然感染の免疫よりも弱いケースが多いようですが、それでも発症予防や感染予防には有効です。それが七割になれば、十分に集団免疫です。ただ、七割は八〇〇〇万人ですのでワクチンを八〇〇〇万人に打つには、けっこうな期間が必要です。その製造、デリバリー、どういうふうに打っていくか、副作用の問題などを考えると、八〇〇〇万人に打つにはそれなりに時間がかかります。

よく政府の対策への批判を聞きますが、私としては、情報が少ない中で対策の良い悪いをいうのはなかなか難しいと思います。しかし、長い目で見て、どこが終着点なのかということに関しては、情報がなくても考える材料はあると思います。終着点を皆で共有しないかぎり、かなり苦しい規制をずっと強いられるばかりです。しかし、四月に緊急事態宣言が出たとき、今が瀬戸際で、今耐え忍んでいけば、またもとの生活に戻れるという発言はミスリードではなかったかという気はしています。

――　集団免疫を獲得するまで、いかに重篤になる人を減らして、ゆるやかな感染させていくというのが、その終着点ということですか。

山本　コロナに対する話ですから、それが正解かどうかは誰にもわかりません。しかし、個人的には、最終目的地はある程度の人口割合でこのウイルスに対する免疫を獲得しないかぎりは無理でないかと思っています。その通りだったかどうかは、最終的に終わってみなければわかりません。この発言に関しては、ちゃんと責任は持ちたいと思っています。

――今後、注意すべき感染症はありますか。

山本　難しい質問です。コロナがグローバル化の弱点を衝くように出てきたと言いましたが、疫学的に感染症を見ているものから、どうしてこの感染症が流行したのかを考えてきました。そこで最近思うのは、たくさんのウイルスや細菌がヒト社会に流行しようとチャレンジしているのではないか。その中でどのウイルスが流行するかは、そのときの社会のあり方を選びます。常に、パンデミックを起こしたウイルスの感染症は、そのときの社会が抱える弱点を衝いてきます。エイズもそうでした。今回の新型コロナウイルスに対して、非常に強靭な社会をつくってきましたが、次のパンデミックを考えてもあまり意味はないと思っています。それよりも、柔軟な思考で対応できる社会が必要でしょう。

新たな感染症がどういうふうに出てくるかは、われわれの社会のあり方によって違いますが、常にその社会の弱点を衝くように新しいものが出てくるということを思っているだけでも違います。感染症とはそういうものだと思っています。

（二〇二〇・八・一二）

農政の焦点

コメ政策、根本から見直しを
～新潟県の生産現場から～

会員　青山　浩子

米の在庫が積み上がっている。農水省が見通す二〇二一年六月末在庫量は、二一〇万トン前後で、一五年以来の高水準だ。このままでは二一年産米の価格下落が必至だ。何とか食い止めようと、同省は転作支援策「水田リノベーション事業」を打ち出した。加工用米など非主食米の作付けに１０アールあたり四万円を助成するという内容だ。従来の加工用米に支給される水田活用直接支払い交付金の二倍にあたる。

筆者が拠点にしている新潟県でも稲作農家が集まれば、同事業が話題にのぼる。というのも、同事業を使うと、一〇アールあたりの加工用米の収入が、主食用米のトップブランドコシヒカリのそれを上回るという逆転現象が起きるほど破格の事業だからだ。

新潟県の試算では、新潟一般のコシヒカリ（単収五四〇キログラム）の一〇アールあたり売上額は一二万六〇〇〇円だ。一方、同事業を使った加工用米（同六六〇キログラム）は一五万七〇〇〇円になる。同事業の対象者は、採択された農家に限定され、全てが恩恵を受けるわけではない。それでも金額を見る限り、一気に加工米へのシフトが進んでも不思議ではない。

　この事業、当の稲作農家たちは、意外にも冷ややかに受け止めている。筆者が取材をした農家はいずれも経営規模が大きく、長期的な視点で経営をとらえている人たちである。木津みずほ生産組合（新潟市）の坪谷利之社長は、「生産者の所得向上にはつながるとは思えない」と一刀両断する。というのも、加工用米に多額の補助金がつくことを見越し、すでに加工米業者による値下げが始まったとの情報を得ているからだ。「民主党政権時代、主食米に一〇アール一万五〇〇〇円の戸別所得補償をした際、米卸から値下げ要求があったがこれと同じ構造。いい方法とは思えない」と話す。

　別の稲作農家も「対処療法的な手段に過ぎない」と語る。「ただ政府は次善の策を考える余裕すらなく、実施しなければならないほど事態は切羽詰まっているのかもしれない」と一定の理解を示す。

　近年の新潟県のコメの生産事情を振り返ってみたい。国が都道府県に対し、生産調整の配分をおこなっていた時代、つまり二〇一八年まで、同県の主食米の作付面積は減り続けていた。それが同年を境に、作付面積、生産量ともに増加に転じた。坪谷社長は「減反廃止という言葉のインパクトが大き過ぎた。国による配分を廃止しただけの話だが、現場には『自由に作っていいのでは？』という雰囲気が流れた」と振り返る。確かに一八年から二〇年にかけて、同県の主食用米の生産量は前年対比で二・九％～五・四％増えた。しかも同じ期間、全国的に米の作況が芳しくなく、生産者米価は上がり続けた。天候不順による米価上昇の陰に隠れるように、生産過剰の問題はあまり話題にならなかった。

価格政策から所得政策への転換

そんな生産事情とは関係なく、コメの需要は減り続けた。そこにコロナウイルスが追い打ちをかけた。外食を控える人が増え、業務用米を中心に需要が大幅に減った。これによって、米の在庫問題が一気に噴き出した。コメどころ新潟県にとって相当深刻な問題である。同県の政策担当者やJAの関係者が会合などで、同事業の説明を重ねているのはそうした背景がある。

稲作農家は不安な思いで、春作業にとりかかることになる。同事業が効果を発揮し、当面の主食米のさらなる在庫積み増しを避けられるかもしれない。だが、稲作農家のみならず米卸業者からも「根本的な解決にならない」と聞く。筆者も同感である。

どうすればいいか。坪谷社長は、「価格政策から所得政策への転換」を訴える。これまでの用途別交付金制度の廃止を提案する。仮に廃止すれば、必然的に高く売れる主食米に生産が集中し、さらなる供給過多となる。これによって、米価が下がれば、輸出競争力が増し、国内の消費者も恩恵を受ける。だが、稲作農家の経営は成り立たない。そこで、経営が成り立つよう所得を補填するという建てつけだ。

新潟ゆうき㈱（村上市）の佐藤正志社長も所得政策への転換を提案する。「用途別の交付金を廃止し、水田一〇アールあたり五〇〇〇円ほどの交付金を出す」というものだ。民主党時代の戸別所得補償の一・五万円と比べて金額が低いため、生産を刺激することはない。それでも、稲作農家の経営の下支えになると見ている。

根本的な見直しに向け、現場から具体的な声が上がっているにもかかわらず、政治家も政府も腰を上げようという気配は見られない。「自民党は、米政策の転換が引き金となって民主党に政権を渡したトラウマから、見直しに手を付けたくないのではないか」とある稲作農家は推し測る。

そういった自己都合を優先する限り、稲作農家の経営は永遠に安定せず、離農に拍車がかかれば、結果的に農地の保全に支障をきたす。現場からのさまざまな声に耳を傾け、本腰を入れて見直しをする時期に来ている。

（あおやま　ひろこ・新潟食糧農業大学講師　農業ジャーナリスト）

第4次食育推進基本計画

学校給食・食育ジャーナリスト　吉田　達也

国の第4次食育推進基本計画（位下第4次計画）が始まった。同計画は平成一七年（二〇〇五年）に施行した食育基本法を根拠として、社会情勢に応じて五年ごとに計画内容を見直し、施策の方向性を示している。

第4次計画では、食育推進の目標を、栄養バランスに配慮した食生活の実践、学校給食での地場産物を活用した取組等の増加、産地や生産者への意識、環境に配慮した農林水産物・食品の選択等が挙げられている。重点事項は、（1）生涯を通じた心身の健康を支える食育の推進（国民の健康視点）と（2）持続可能な食を支える食育の推進（社会・環境・文化視点）、これに新型コロナウイルスの感染状況を踏まえた（3）新たな日常やデジタル化に対応した食育の推進（横断的な視点）が加わった。

これらをＳＤＧｓの観点から相互に連携して総合的に推進するものとされている。

推進する内容は、家庭、学校・保育所、地域など場面ごとの役割が示されているが、生涯を通じた、生産者と消費者の交流促進、環境と調和のとれた農林漁業の活性化、食文化の継承のための活動への支援、食育推進運動、食の安全、栄養その他の食生活に関する調査、研究、情報の提供及び国際交流の推進、食品表示の理解促進などもある。

数値目標も引き続き設定されている。第４次計画においては、最近の食育をめぐる状況を踏まえ、生涯を通じた健康や持続可能な食を支える食育を推進するため、これまでの一五の目標・二一の目標値に新たな目標・目標値を追加・見直し、一六の目標・二四の目標値となった。

産地や生産者を意識して選ぶ

今回追加された目標は、①栄養教諭による地場産物を活用した食に関する指導の平均取組回数、②食塩摂取量の平均値、野菜摂取量の平均値、果物摂取量一〇〇グラム未満の者の割合、③産地や生産者を意識して農林水産物・食品を選ぶ国民の割合、④環境に配慮した農林水産物・食品を選ぶ国民の割合、⑤郷土料理や伝統料理を月一回以上食べている人の割合である。

農政に特に関連するものは③と④であろう。産地や生産者を意識して農林水産物・食品を選ぶ国民の割合を増やすことについては、地産地消としての地元産物や、被災地の産品など自分が応援したい地域の産品や応援したい生産者を意識して選ぶことが想定されている。

また、環境に配慮した農林水産物・食品を選ぶ国民を増やすという目標はＳＤＧｓを強く意識していることが伺える。ＳＤＧｓ時代にふさわしい農林水産業・食品産業を育成するためには、環境と調和した生産方法で作られた農林水産物・食品を消費することが、消費者の幸福や満足度の向上につながるとともに、その評価が農山漁村に還元され、環境と経済成長の好循環が生まれるという社会システムへの転換が必要という考え方である。

第４次計画では農林水産省が三月二九日に中間とりまとめを発表した「みどりの食料システム」を例示し、有機農業や持続可能な農業生産や持続可能な水産資源管理等、生物多様性と自然の物質循環が健全に維持され、自然資本を管理・増大させる取組みに関して、国民の理解と関心の増進のため普及啓発をおこなうとしている。

学校給食に身近な地場産物

学校給食や学校における食育の推進も大きな役割を担っている。学校給食における地場産物・国産食材を活用した取組等を増やすとし、これまでは献立に使用する地場産物の品目数ベースでその割合を高めようとしていたが、第４次計画では金額ベースへ変更し、目標数値を現状値（令和元年度）よりも維持・向上した都道府県の割合を九〇％以上とした。また新たに栄養教諭による地場産物に係る食に関する指導の取組回数を目標値（月一二回以上）と設定した。学校給食の献立は生きた教材であり、栄養教諭は食に関する指導の充実を図ることがその仕事の本質である。給食管理をおこないながら、資料の作成、給食時間における食に関する指導、各教科との連携などが求められる。そのためには学校側と生産者側の地場産物の間を取り持つ調整役を配置することが望ましい。

栄養教諭だけでなく農政、卸売市場、教育委員会など様々な方がコーディネーターとして活躍することが期待されている。コーディネーターを配置することによって、栄養教諭は地場産物を活用した食に関する指導に尽力できる。新鮮で旬な美味しい地場産物を安価で仕入れることができるのが地場産物活用のメリットである。身近なものを活用することにより、また農業体験を通じて様々な学びにつなげることが期待できる。旬にたくさん採れる地場産物をいかに多様な料理に、おいしく調理し、食に関する指導につなげられるかが栄養教諭の腕の見せ所である。

食育基本法第一七条及び第一八条においては、都道府県及び市町村に対し、国の基本計画を基本として、都道府県及び市町村の区域内における食育推進計画を作成するよう努めることが求められている。食育推進計画を立案する際には、このようなコーディネーターの育成や配置を盛り込んでほしいと願っている。

（よしだ・たつや　学校給食・食育ジャーナリスト）

編集後記

○…各地の生産者と「一人産直」、勝手にマイファーマーと呼んでいます。昨年の熊本県水害では甚大な田畑被害に遭い、今年の玉ネギの生育状況を聞くと、水田は復旧かなわず稲作は見合わせた。だが玉ネギは良好と言う。彼の玉ネギは地上部分の葉を切落して、地中で一ヵ月間熟成させる手を掛けた栽培法で、そのまま食して、舌に甘味が広がり、毎年楽しみの一品です。

○…今号の特集は、『コロナ後の食と農』です。コロナ後に備えて「食と農」がどう変わるのか。

研究会では、日本農業を牽引する農業者と、ベトナムで野菜作りをする日本人、新規参入の企業ファームによるオンライン。本誌最初の海外と結んだワールドワイドの研究会になりました。本会会員による司会の進行も上手く、楽しく、無事終了。

特集には座談会のほか、外食産業から、コロナ後に変わる「食」の有り様。また、感染症研究者の視点も。

○…研究会は今号以後、オンライン化になりました。活字媒体の場合、著者校といって研究会出席者に校正依頼をします。この場合もメールでやり取りです。電波交信に、誤字、脱字に神経はピリピリです。

『農業気象台』は、農協青年部を取り上げています。馴染みの薄い言葉ですが、その活動歴は古く、かつて農村女性の「ただ働き解消運動」など農村社会に画期的実績も。

『農政の焦点』は課題の米問題から、そして改正期の食育基本法の二題です。

○…さて玉ネギの可食部は「根、茎、葉。どの部分？（青）

日本農業の動き No.210

現場発 コロナ禍に揺れる食と農

定価は裏表紙に表示してあります（送料は実費）。

二〇二一年四月二八日発行©

発行 農政ジャーナリストの会

編集 会長 行友 弥

〒100-6826 東京都千代田区大手町一の三の一（JAビル）

電話（03）六二六九-九七七二

FAX（03）六二六九-九七七三

販売 一般社団法人 農山漁村文化協会

〒107-8668 東京都港区赤坂七の六の一

電話（03）三五八五-一一四二

URL：http://www.ruralnet.or.jp/

振替 〇〇一二〇-三-一四四四七八

購読のお申込みは近くの書店か、直接発行・発売元へご連絡下さい。バックナンバーもご利用下さい。

PRINTED IN JAPAN 2021　ISBN978-4-540-20066-3　C0061

耕そう、大地と地域のみらい。
安全と安心を、すべての食卓に。
JAグループは、生産者一人ひとり
と共に、今日も進みつづけます。
この国の豊かな大地と地域の
くらしを、次の世代へ伝えるために。
JAグループ
耕そう、大地と地域のみらい。
安全と安心を、すべての食卓に。
JAグループは、生産者一人ひとり
と共に、今日も進みつづけます。
この国の豊かな大地と地域の
くらしを、次の世代へ伝えるために。
JAグループ